小流域防护林碳汇效应

郭月峰 等 著

科学出版社

北 京

内 容 简 介

本书以小流域防护林碳汇效应及空间配置为主题，在全面调查小流域境内不同立地条件、不同林分类型的前提下，分析了小流域主要林分类型的碳汇效应及固碳潜力；利用干扰指数来定量描述林分结构，分析林木生长因子与碳汇功能的关系；研究了小流域典型农田防护林网与林网内作物固碳耦合效应。以此为基础，提出小流域以碳汇功能最大为目标，兼顾生态、经济及社会效益协调发展的小流域防护林空间配置模式。本书是课题组成员多年来取得的相关研究经验的积累，为内蒙古中东部的生态环境建设提供科学依据，为进一步制定造林固碳政策技术措施提供科学指导。

本书可供从事林学、生态学、水土保持学和植物学研究的科学工作者，以及高等院校相关专业师生参考。

图书在版编目（CIP）数据

小流域防护林碳汇效应/郭月峰等著. —北京：科学出版社，2016.3

ISBN 978-7-03-047332-5

I. ①小… II. ①郭… III. ①小流域-防护林-二氧化碳-资源管理-研究-中国 IV. ①S718.5

中国版本图书馆 CIP 数据核字（2016）第 026725 号

责任编辑：张会格/责任校对：郑金红

责任印制：赵 博/封面设计：北京名轩堂广告设计有限公司

科学出版社 出版

北京东黄城根北街 16 号

邮政编码：100717

http://www.sciencep.com

北京厚诚则铭印刷科技有限公司印刷

科学出版社发行 各地新华书店经销

*

2016 年 3 月第 一 版 开本：720×1000 1/16

2025 年 1 月第三次印刷 印张：9 1/4

字数：184 000

定价：72.00 元

（如有印装质量问题，我社负责调换）

《小流域防护林碳汇效应》
编辑委员会

主　　编： 郭月峰

副 主 编： 姚云峰

编写人员： 郭月峰　姚云峰　秦富仓

王　娟　高玉寒　张美丽

前　言

全球变暖已经成为一项全球性的环境问题，主要是人类使用化石燃料排放的大量 CO_2 等温室气体的增温效应造成的，严重地威胁着人类的生存健康，并已成为各国政府和科学家关注的重大环境问题。因此，有效减缓全球变暖是当前重要的生态任务之一。森林作为陆地最大的碳库，森林碳汇已被认为是减缓全球变暖的一种较好选择。如何使森林发挥其最佳功能作用，尤其是最大程度发挥其固碳功能作用，这就需要对林种、树种结构进行合理的配置，提高森林内部质量，使之发挥最佳的效益，这也是当前林业建设中急需解决的问题。

森林按照林分起源划分为天然林和人工林两类。中国是世界上人工林最多的国家，被称为“世界最伟大的森林恢复者”，而在人工林中 90%又是纯林。人工林多为单一树种组成的同龄纯林，结构和功能较单一，导致人工林是较为脆弱和不稳定的生态系统，具有抗灾害能力较弱及生态防护效果不够显著等特点。因此，人工林的改造成为林业发展的必然趋势和客观要求。防护林是以发挥森林的各种防护效益为目的而营造的人工林，是改善生态环境的有力措施。防护林作为森林资源的重要组成部分，在生态环境保护和重建中发挥着巨大的作用。目前大规模营造的防护林多数因树种选择不合理、造林密度过高、空间配置不合理等特点，使防护林不能充分发挥其生态功能及碳汇功能。

本书针对内蒙古中东部赤峰市所营建的防护林因立地条件差、树种选择不合理、林分密度过高、配置不合理等特点，出现了大面积非健康的低功能人工林，难以发挥其应有的生态效益的现状，选择了人工林面积位居全区首位、“全球环境 500 佳”、我国对外合作首个碳汇林业试验示范县的敖汉旗作为研究区，并选择典型小流域——黄花甸子小流域为单元，在全面调查小流域境内不同立地条件、不同林分类型的前提下，提出小流域以碳汇功能最大为目标，兼顾生态、经济及社会效益协调发展的小流域防护林空间配置模式。

本书以小流域防护林为单位研究了其碳汇效应及空间配置。全书共分为 6 章。第 1 章从整体上介绍了全球气候变化、森林在气候变化中的作用、人工林的碳汇效应及防护林体系空间配置；第 2 章从自然环境概况、土地利用状况及森林资源分布状况等方面介绍了黄花甸子小流域概况；第 3 章分别以小叶杨林、油松林、白榆林、山杏林、沙棘林以及柠条林为例研究了小流域主要林分类型碳库特征及系统固碳效应；第 4 章从小流域防护林邻体干扰模型的建立和林木干扰指数与林木生长的关系两方面研究了小流域主要林分类型林木生长因子与林木碳汇功能关系；第 5 章分别从农田防护林网对林网内生物量碳储量、作物产量的影响及农田防护林网复合模式的固碳、增产效益分析两个方面做了小流域农田防护林网与防护农田固碳耦合效应研究；第 6 章分别从以碳汇功能为目标的土地利用格局优化、小流域防护林主要林分类型结构优化、小流域防护林空间配置前后碳汇效益分析和小流域防护林主要林分类型对位配置研究四个方面做了以碳汇功能为目标的小流域防护林体系空间配置研究。本书在写作过程中，著者进行了大量的资料整理和分析工作，为本书的顺利完成提供了极大的帮助。各章节分工如下：前言，郭月峰；第 1 章，姚云峰、秦富仓、郭月峰；第 2 章，王娟、高玉寒、张美丽、郭月峰；第 3～6 章，郭月峰。本书由郭月峰统稿，由内蒙古农业大学姚云峰教授担任主审。

小流域防护林碳汇效应研究目前还不是很成熟，相关内容及相关领域的很多问题尚在探索之中。若深入研究，则将对实际应用及发展起到推动作用。著者殷切希望本书的出版可以引起相关人士对该领域的关注和支持，并希望对从事荒漠化防治乃至环境保护方面研究的学者及工作人员有所裨益。

本书撰写过程中参考和引用了大量国内外有关书籍和文献，特此感谢。本书的出版承蒙科学出版社的大力支持，编辑人员为此付出了辛勤的劳动，在此表示诚挚的感谢。

由于著者水平有限，书中难免有不足之处，敬请读者批评指正。

郭月峰

2015 年 6 月

目　　录

第 1 章　绪　　论

1.1　全球气候变化

全球气候变化是指在全球范围内，气候平均状态统计学意义上的巨大改变或者持续较长时间（典型的为十年或更长）的气候变动。气候变化的原因可能是自然的内部进程，或是外部强迫，或是人为的持续对大气组成成分或土地利用的改变。

进入 21 世纪以来，全球气候变化及其对人类生存造成的损害和威胁已为世人公认。气候变化已成为不可回避的重大理论和实际问题。气候变暖的明显化，让各种危害逐步进入人们的日常生活，因此气候变化已经不再只是一个学科问题，而日渐成为人们共同关心的重大社会问题。气候变暖引发的问题也从单一性向多样化转变，从已知向未知发展。它引发的各种新现象改变着人类的生存状态。最主要是它所引发的灾害以不同形式出现，让人们不能预知，同时它又是全球范围内的，这使得气候变化成为全世界所共同关注的问题。

1.2　森林在气候变化中的作用

以大气 CO_2 浓度升高为主要特征的气候变化正在使陆地生态系统的结构及功能发生着变化，并且这种变化也正威胁着人类的生存健康，所以目前国际社会对此倍加关注。我国作为世界上 CO_2 排放量较高的国家，所承受的压力很大。

森林是维持陆地良好生态环境的主体和最重要的生物生产基地之一。它在自然界物质和能量交换过程中，对周围环境的影响极大，在不断吸收 CO_2、形成有机物质、制造氧气的同时，还增加空气的湿度和降水量；同时，森林还具有降低风速、保持水土、涵养水源、净化空气、消除噪声等功能。其中，森林碳汇功能是森林生态系统生态功能的重要组成部分之一，主要体现在森林具有吸收并固定大气中 CO_2 的能力，其储存了陆地生态系统有机碳地上部分的 80%，是陆地生态系统最大的碳库，在全球碳循环中起到十分重要的作用。在应对全球气候变化背景下，森林碳汇已被认为是当前减缓全球气候变化的一种较好的途径。因此，加强森林系统碳储量研究，在有限的森林资源下如何提高森林内部质量，使森林系统发挥最大的碳汇功能，对未来的环境外交意义重大。

1.2.1 森林碳汇效应的国外研究

森林碳汇研究的基础是森林碳储量的研究。有关森林碳储量的研究，最早开始于德国林学家对森林生物量碳的研究。关于森林碳汇的正式研究始于国际科学委员会执行生物圈计划（EBP），该计划的发起是世界森林生态碳储量研究的开端，并且在此计划之后，全球性森林碳汇的研究相继在欧美部分国家纷纷展开，全球的森林生物量研究有了很大进展，之后研究不断深入。这里应特别强调的是：以日本学者吉良龙夫为首的研究小组在东南亚热带地区所做的研究，该小组的研究方法及结论对后来的研究产生了很大的影响。20 世纪 70 年代初，《温带森林生态系统的分析》及《第一性生产量水平上的陆地生态系统功能》等专著的出版是对这阶段工作的总结。70 年代末，以 Bolin 为首的环境问题科学委员会对全球碳循环进行总结，其中包括对森林生态系统碳蓄积量的估计。90 年代初，联合国制定了应对气候变化的《联合国气候变化公约》，该公约的制定要求各缔约国编制各国温室气体清单以及对温室气体的清除情况。于是，各国相关学者纷纷积极行动起来，研究应对该公约的措施。Winjum 等（1998）通过研究森林经营管理对碳储量的影响后指出，有效的森林经营管理措施对增加森林碳汇是重要的。Botkin 等（1993）对美国东北部基于区域尺度的典型林分碳储量进行时空分析。1997 年，以《联合国气候变化公约》为基础的《京都议定书》的制定，成为森林碳汇可行的措施。之后，森林碳汇的相关研究开始进入高潮阶段。国际上很多学者对本国的森林管理活动引起的碳汇及碳源的变化做了研究，并提出提高本国森林碳汇能力的可行措施，以期为本国提供最大的温室气体减排抵消指标。Lindroth 等（1998）对森林生态系统的碳汇模型及森林碳收支碳平衡问题做了研究，并指出森林碳平衡对于大气温度的敏感性。Flanagan 等（2002）对北方温带草原的碳交换随季节及年际变化情况做了分析，认为森林的碳储量是巨大的，而且林龄越大碳储量越大。Goulden 等（1996）在森林碳储量估算方面也取得了一定进展。Davidson 等（2002）以碳的守恒定律作为研究基础，测量了碳在林下凋落物和土壤中的分配，并估算了凋落物的碳储量。此外，就国家层面而言，俄罗斯、美国、英国、日本、芬兰、印度、加拿大、瑞典、德国、巴西等国家，对森林生态系统碳汇效应与气候变化的关系进行较为深入的研究，且取得了巨大突破。

1.2.2 森林碳汇效应的国内研究

中国森林生态系统的碳汇研究仍然是始于森林生物量及生产力的研究，最早开始于 20 世纪 70 年代，大规模的研究开始于 90 年代。因起步较晚，一些研究是基于借鉴国外一些较为成熟的理论方法及对国内较分散基础资料的整理之后，提出一些看法和观点。尽管研究基础比较薄弱，研究条件不太成熟，但一些研究人员利用国内森林资源清查资料及生态调查资料等数据对中国森林碳储量进行估算。汪业勖（1999）和王效科等（2001）的研究指出，我国森林生态系统生物量碳为 3.7PgC；而方精云（2000）计算出的值为 3.87PgC，结果相差不大；李克让等（2003）的研究指出，我国陆地森林生态系统的碳密度为 1.47kg/m^2，碳储量为 13.33PgC，占全球的 3%。刘国华等（2000）的研究表明，1973~1993 年我国 4 次森林资源清查中，森林生态系统生物量碳分别为 3.75PgC、4.12PgC、4.06PgC、4.20PgC，反映出我国森林生态系统的植被碳储量呈增长趋势，这与多年来的植树造林有很大关系。但是，因为新造林地的立地条件差，林分碳储量小，所以森林生态系统生物量碳的实际增长趋势并不明显。这同时也反映出，加强对现有森林的抚育管理，提高森林内部质量，我国森林植被的碳汇潜力还很大。

此外，20 世纪 70 年代之后，方精云等对国内外研究成果进行整理并收录在《全球生态学——气候变化与生态响应》一书中，提出了适合我国森林碳吸存能力估算的方法。马钦彦等（2002）对我国华北区主要阔叶树种和针叶树种的含碳率进行分析，指出阔叶树种含碳率普遍小于针叶树种含碳率。

周玉荣等（2000）及康惠宁等（1996）对我国主要树种的固碳量及固碳速率等方面进行研究。他们的研究成果为评价我国森林碳储量及固碳潜力等方面提供了很宝贵的经验指导。之前的研究大多是基于自然科学领域的研究，而对于森林碳汇所涉及的经济贸易问题研究很少，不能满足森林碳汇发展的需求。所以我国学者于 2003 年编写了《造林绿化与气候变化——碳汇问题研究》一书，首次较为系统地阐述了我国森林碳汇要应对的经济、贸易及社会相关政策等问题。2003～2009 年相继出台了很多相关计划：2003 年出台的“中国陆地生态系统碳循环及驱动机制研究”（国家 937 计划项目）；2004 年森林碳汇办公室的成立；2006 年的“中国广西珠江流域治理再造林”被批准；2007 年中国绿色碳基金的成立；2009

年关于《中国绿色碳基金造林项目碳汇计量与监测指南》的编制。

1.3 人工林的碳汇效应

当前，关于森林在减缓全球变暖时所起的作用已引起全球的普遍关注。我国人工林面积位居世界之首，它对我国生态环境的保护和改善起着重要积极的作用。但目前我国人工林存在结构简单、树种单一及配置不合理等诸多问题，这使得我国人工林碳汇功能没能得到充分发挥，人工林碳增汇还有很大空间。因此，很多学者关于人工林经营管理措施对提高人工林碳汇能力的效应做了研究。亟待加强不同人工林管理措施对林地碳吸存的影响研究，尤其是人工林体系的合理配置是经营管理中首要解决的问题。

森林作为一个重要的“碳汇”，在调节全球气候及维持全球碳平衡中所发挥的作用已得到全社会的广泛认同。森林按照林分起源划分为天然林和人工林两类。而人工林是森林的重要组成部分，它对全球碳增汇作用重大。所以，减缓全球气候变暖的有效途径之一就是加强对人工林的管理。目前，我国森林生物量碳储量占全球森林生物量碳的57.26%，人工林则更低。我国人工林现有面积为0.62亿hm^2，居世界之首。针对有限的土地资源，新造林地面积的逐渐减少，对人工林碳汇功能采取有效的管理手段是我国森林碳汇能力提高的重要途径。当前，对森林管理经营主要是基于提高森林的防风固沙、水土保持等生态效益或经济效益为主要目标，而针对森林的固碳经营管理则关注较少。面对当今国际环境的严峻形势，人工林在应对全球环境压力方面的意义显得深远而重大。因此，提高人工林的碳汇功能水平已经成为当前林业发展的一项重要任务。

20世纪末期，我国对天然林实施了保护工程，天然林达到休养生息的目的。同时，不断加大人工植被建设的规模和内容，使得人工林的比重在逐年增大。从历次森林资源清查数据看出，我国的森林面积与森林覆盖率是持续增长的，而且人工林的比重也在逐年增大，说明我国的森林正趋向人工化。我国人工林现有面积为0.62亿hm^2，居世界之首，其作为我国森林系统的重要组成部分，在森林碳汇中发挥着巨大的作用。1973～1998年，我国森林处于明显的碳增汇过程，其中人工林碳增汇占森林总碳增汇的41.67%，这成为我国森林碳储量增加的最主要原因。然而人工林多为单一树种组成的同龄纯林，结构和功能较单一，这导致人工林较为脆弱和不稳定的生态系统，抗灾害能力较弱及生态防护效果不够显著等特点。针对目前我国人工林因造林立地条件差、树种选择不合理、林分密度过高、配置不合理等特点，再加上缺乏必要的抚育措施，严重制约了地区林业应该发挥的功能作用。如何使森林发挥其最佳功能作用，尤其是最大程度发挥其固碳功能作用，这就需要对林种、树种结构进行合理的配置，提高森林内部质量，使之发挥最佳的效益，这也是当前林业建设中急需解决的问题。因此，人工林的改造成为林业发展的必然趋势和客观要求。

1.4　防护林体系空间配置

防护林是以发挥森林的各种防护效益为目的而营造的人工林，即是为了保持水土、防风固沙、涵养水源、调节气候、减少污染所经营的人工林。防护林作为改善生态环境的有力措施，已引起各国的重视。20 世纪 70 年代以来世界上许多国家举行了以防护林为对象的专题讨论会，世界性林业会议“人与生物圈计划”、“空气污染与林业”、“农业和林业气象”等会议都把林带的防护功能作为重点议题。

防护林体系是我国大部分地区林业建设的主体，是生态环境建设中重要组成部分。防护林体系建设已经引起社会各界的广泛关注和重视。为使防护林体系生态效益达最大化，防护林必须具有合理的空间布局。因此，防护林体系的空间布局成为防护林学研究的一项重要内容，是影响防护林体系建设取得最佳效益的关键因素。

防护林体系空间配置，是指防护林体系的土地利用结构、林种结构和林分系统的空间布局。防护林体系能否最大限度地发挥其生态、经济和社会效益主要取决于它的林种、树种的结构配置的合理性。国内外对此都很重视，并进行多方面的研究。由于研究对象的尺度不同，这些探讨与研究所得到的层次也不同。同时，大量研究表明，流域是生态环境治理的基础，流域防护林体系的合理配置，是达到流域治理目标，建成持续、稳定、高效人工生态系统的重要因素。

目前，国内外对于防护林体系空间配置的研究主要集中在区域和流域两个尺度上。关于区域尺度的防护林空间配置研究，主要解决的是最佳森林覆盖率问题。最佳森林覆盖率是指一个区域所拥有的森林，既能满足人们对经济效益的需要，又能满足人们对生态、社会效益的需求，使之形成一个较为稳定的生态环境，这样的森林覆盖率称为最佳森林覆盖率。但区域尺度的防护林空间配置并不能为防护林体系在植被类型结构或树种的空间布局等提供具体的理论参考。于是一些学者开始了基于流域尺度的防护林体系空间配置研究，主要从不同树种、不同植被群落的水文特征研究入手，分析诊断不同流域生态系统的特点，根据防护林体系的防护机制，以流域为单元，确定植被类型、树种面积最优的比例结构。

1.4.1　区域尺度防护林空间配置的研究现状

区域尺度防护林空间配置，主要解决森林覆盖率达到多大才能满足区域发展的需求。确定某一区域的最佳森林覆盖率，不仅要考虑森林资源的区域性配置、被规划区域社会经济可持续发展对森林的客观要求、森林提供的生态环境服务和商品、林业生产现状和发展趋势等诸多因素，而且要从技术层面上，考虑森林覆盖率确定方法的科学性和实用性。一个地区的森林覆盖率究竟为多少才算最佳，因确定方法和确定参数不同，众说纷纭，但多被人们所接受的是森林分布均匀、结构合理，并能发挥着其巨大的生态、经济、社会效益，此时的覆盖率是合理的森林覆盖率。还有一些学者对最佳森林覆盖率的确定方法和指标也进行相关研究。

区域尺度的研究为防护林的空间配置在宏观上进行指导，但远不能满足实际林业生产实践的需要，而更需要将研究结果落实到具体单元上，因此，一些学者开展了基于流域尺度的防护林体系空间配置研究。

1.4.2　流域尺度防护林空间配置的研究现状

流域防护林体系空间配置，一般包括水平配置、立体配置及对位配置。防护林体系水平配置是指各林种在流域内的平面布局和合理规划，是形成合理水平的关键。防护林体系立体配置是指各林种范围内树种或植物种的选择及林分层次结构的配置。防护林体系对位配置就是要实现防护林体系与水土资源、地形地貌等环境资源的协调统一。由于尺度不同，其配置所要达到的程度也不尽相同。在小尺度上，要比大、中尺度细致得多，也具体得多，往往要从水平、立体配置上升到树种层面的配置，即对位配置。

流域尺度的防护林空间配置，主要是从研究不同树种、不同植被群落的水文、水质、泥沙效应入手，分析诊断不同流域生态系统的特点，根据不同防护林的防护机制，以流域为单元，提出不同功能的防护林空间配置模式。

防护林体系空间配置的整体思路是：在区域尺度上，防护林配置应考虑不同区域发展所需的最佳森林覆盖率，使水源涵养能力最强、地表径流量最小；在流域尺度上，防护林配置要以生态环境建设为基础，确定防护目标，综合考虑防护林体系的经济效益和社会效益协调发展，重点考虑各防护林林种的比例；而在地块单元上，防护林空间配置则要考虑局部的微地形因子，包括海拔、坡度、土地利用方式、土层厚度、侵蚀程度、坡位、坡向、坡型、土壤质地等。无论是哪一个尺度，其最终的目的是要使防护林体系发挥最大的防护功能。

1.4.3　防护林空间配置研究存在的问题及发展趋势

通过以上关于防护林体系空间配置的研究来看，目前防护林体系空间配置主要存在几个重要问题。

首先，防护林体系空间配置研究尺度的界定不太明确。尺度不同，研究结果不尽相同，有时甚至相悖。究竟大、中、小尺度分界点是多大，才能使量变到质变，才能使空间现象的客观特征发生变化，很多学者对于这个概念的界定还未达成共识。基于尺度概念的问题，防护林体系的研究多集中在大尺度或中尺度上，多从宏观层面分析防护林的空间格局。而对于小尺度的流域防护林研究相对较少，这也可能与对尺度概念的界定不明确有一定关系。

其次，防护林体系空间配置的成果缺乏可操作性。目前大多数研究成果多停留在防护林林种结构、树种组成及比例控制方面，这对于实际空间配置的调整缺乏可操作性。因此，需要将研究成果落实到具体区域和具体位置是防护林空间配置发展的方向。

以往的防护林空间配置多是基于泥沙、侵蚀等水文效应的研究，将植被固碳指标纳为防护林空间优化配置指标的研究鲜见报道。结合“生态林业”发展的需求，以及当前国际环境关于碳减排任务的重大压力，建立一套结合防护林固碳减排指标的科学合理的指标体系，是未来研建防护林体系空间配置时的发展趋势。

第 2 章　黄花甸子小流域概况

黄花甸子小流域处于赤峰市敖汉旗萨力巴乡，在地形地貌、土壤类型、森林资源分布、农牧业发展规划等方面，较具代表性。小流域地带性植被属于半干旱森林草原植被类型，由于人为破坏，自然植被丧失殆尽，逐渐变为半风沙荒草地。为了地区生态恢复，大规模的人工林种植始于 20 世纪 80 年代前后，且这里有较完整的防护林林龄序列。

2.1　自然环境概况

黄花甸子小流域位于敖汉旗西部，老哈河中游南岸，科尔沁沙地南缘。地理坐标为北纬 42°19′～42°26′、东经 120°08′～120°15′。面积约 32km^2，距离敖汉旗政府所在地新惠约 24km。研究区地理位置，见图 2.1。

图 2.1　研究区地理位置图（彩图请扫封底二维码）

小流域总体属于低山丘陵区，海拔在 440～906m。地处中温带半干旱大陆性季风气候区，四季分明。年均降雨量在 400～470mm，年均蒸发量在 2290～2400mm。全年日照时数为 2940～3060h，历年平均日照时数为 2999.3h，10℃以上积温为 3189℃。春季风力大、持续时间较长，年均风速为 4～6m/s。土壤类型以栗钙土为主，伴随有少量的风沙土；土层相对较厚，一般在 20m 以上；土壤 pH 在 8.5 左右，且随土层深度加深 pH 增大；土壤退化严重，表层有机质积累很弱，腐殖质基本色调为栗色或灰棕色，厚度在 25～45cm；表层土壤结构多呈粒状、团粒状、粉末状；土壤剖面有明显的石灰反应，碳酸钙多淀积在 30～50cm。

小流域主要有草地、灌丛林、乔灌混交林、针阔混交林和阔叶纯林等森林植被类型，主要以人工植被为主。主要乔、灌木树种有小叶杨（*Populus simonii*）、油松（*Pinus tabulaeformis*）、白榆（*Ulmus pumila*）、山杏（*Prunus sibirica*）、柠条（*Caragana microphylla*）、沙棘（*Hippophae rhamnoides*）等。配置上多以纯林为主，密度大、植株矮小，很多已成小老树。主要草本植物有达乌里胡枝子（*Lespedeza davurica*）、萎陵菜（*Potentilla chinensisser*）、铁杆蒿（*Tripolium vulgare*）、猪毛菜（*Salsola collina*）、针茅（*Stip capillata*）等。主要农作物有：玉米（*Zea mays*）、高粱（*Sorghum vulgare*）、谷子（*Setaria italica*）、黍子（*Panicum miliaceum*）、荞麦（*Fagopyrum esculentum*）及绿豆（*Vigna radiata*）等。

2.2　土地利用状况

小流域土地面积约为 32km^2。其中，耕地面积为 12.29km^2，占流域面积的 38.41%；林地面积为 12.13km^2，占流域面积的 37.91%；草地面积为 1.95km^2，占流域面积的 6.09%；城镇居民及建设用地面积为 1.33km^2，占流域面积的 4.16%；未利用地面积为 4.3km^2，占流域面积的 13.44%。黄花甸子小流域土地利用现状，见图 2.2。

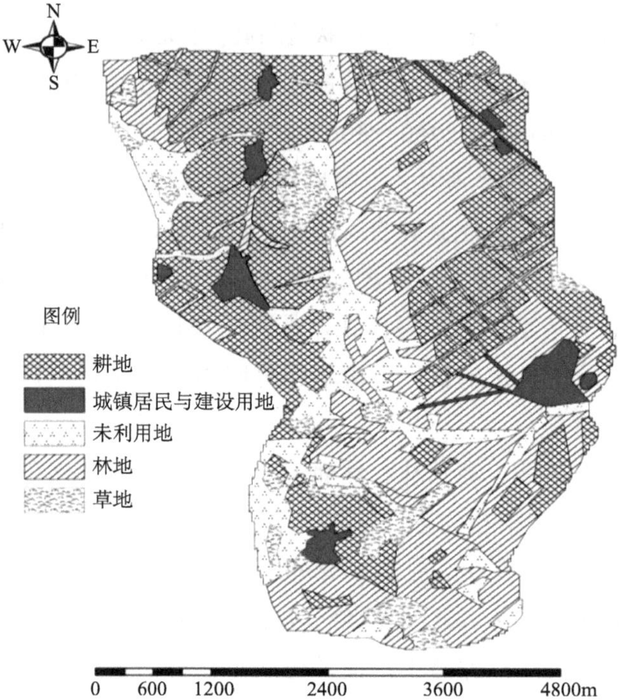

图 2.2　黄花甸子小流域土地利用现状图（彩图请扫封底二维码）

2.3　森林资源分布状况

小流域地处欧亚草原区亚洲中部亚区，地带性植被为浅山森林草原植被类型，其余地区以低矮灌木及杂草为主。

小流域境内主要为人工林，树种有杨树、油松、榆树、山杏、柠条、沙棘等。主要混交林面积为 0.65km^2，占流域林地面积的 5.36%；主要纯林面积为 11.24km^2，占流域林地面积的 92.66%。按照树种划分，杨树林面积为 6.52km^2，占流域林地总面积的 53.75%；山杏林面积为 2.29km^2，占流域林地总面积的 18.88%；柠条林面积为 0.88km^2，占林地总面积的 7.25%；油松林面积为 0.67km^2，占林地总面积的 5.52%；榆树林面积为 0.88km^2，占林地总面积的 4.94%。油松山杏混交林面积为 0.33km^2，占林地总面积的 2.72%；油松沙棘混交林面积为 0.32km^2，占林地总面积的 2.64%；其他林地面积为 0.24km^2，占林地总面积的 1.98%。具体见图 2.3。

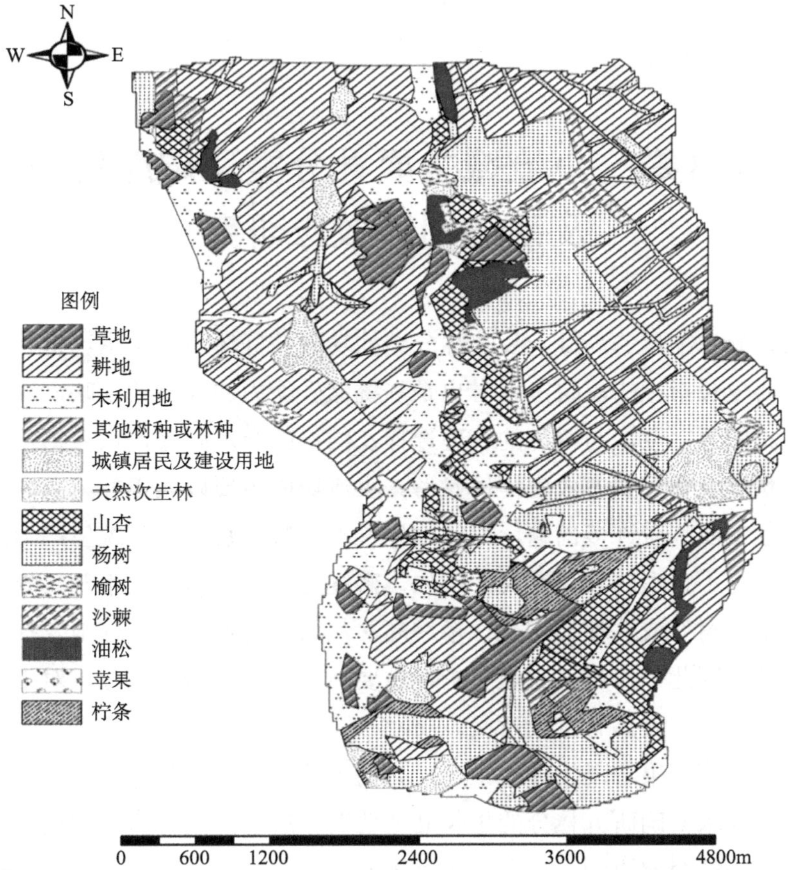

图 2.3　黄花甸子小流域防护林空间分布图（彩图请扫封底二维码）

第 3 章 小流域主要林分类型碳库特征及系统固碳效应研究

一般林分生物量的高低，反映林分结构功能的好坏。林木生物量是森林生态系统中主要生长指标的反映，同时也是系统储碳能力的大小的反映，其可用于评价林木生长的适宜性，为树种的合理选择及结构的合理配置提供依据，也为评价林分生长状况及林分生态效应提供参考。小流域内主要以人工林为主，然而在植被建设过程中面临着许多问题，如林木生长不良甚至衰退、系统生产力降低等现象。其原因与不合理的经营有关，例如，密度过大、疏株间伐不及时导致林木过早成为“小老树”或致使林木死亡率增高，从而不能使林木更好地发挥生态效益及碳汇效益。因此，探讨小流域防护林主要林分类型的碳汇效应，对于指导防护林林分结构合理配置具有重要意义。

为使本研究成果着眼于林业生产，方便于防护林空间配置时对树种的合理选择及配置，要求明确研究林分的生长立地情况。所以，结合森林立地分类时科学性与实用性相结合的原则，选取主导因子并兼顾命名及文字描述的简明性、准确性、直观性原则，对森林立地类型进行分类。关于防护林立地类型的划分参见刘殿君（2009）对敖汉旗大五家小流域立地类型的划分标准，具体将黄花甸子小流域防护林立地类型划分为：阳缓坡中层土、阳缓坡厚层土、阴斜坡中层土、阴斜坡厚层土、阴缓坡厚层土及各向缓坡厚层土 6 种立地类型，具体见表 3.1。

表 3.1 小流域防护林主要林分类型立地类型表

林分类型	林龄/a	立地类型	主要地被物	备注 株距×行距
小叶杨林	6	阴缓坡中层土	大赖草（*Leymus racemosus*）、紫花苜蓿（*Medicago sativa*）、苦荬菜（*Ixeris chinensis*）	3m×4m
	8	各向缓坡厚层土	委陵菜、达乌里胡枝子、甘草（*Amsonia labernaemontana*）、紫花苜蓿	3m×4m
	9	各向缓坡厚层土	委陵菜、达乌里胡枝子、甘草（*Amsonia labernaemontana*）、紫花苜蓿	3m×4m
	10	各向缓坡厚层土	达乌里胡枝子、兔子毛草、麻黄（*Ephedra monosperma*）、蒺藜（*Tribulus terrestris*）、铁杆蒿	3m×4m

续表

林分类型	林龄/a	立地类型	主要地被物	备注 株距×行距
小叶杨林	15	阳缓坡中层土	达乌里胡枝子、甘草、紫花苜蓿	2m×4m
	20	各向缓坡厚层土	达乌里胡枝子、紫花苜蓿、萎陵菜、铁杆蒿	2m×2m
	30	各向缓坡厚层土	甘草、达乌里胡枝子、紫花苜蓿、针茅（*Stipa capillata*）、狗尾巴草（*Setaria viridis*）	2m×2m
油松林	5	阴缓坡中层土	达乌里胡枝子、甘草、针茅、狗尾巴草（*Setaria viridis*）	2m×4m
	6	阳斜坡中层土	达乌里胡枝子、兔子毛草、苦荬菜	2m×2m
	11	阴缓坡中层土	大赖草、狗尾巴草、蒲公英（*Herba taraxaci*）、沙蓝刺头（*Echinops gmelini*）	2m×2m
	14	阴缓坡中层土	达乌里胡枝子、碱蒿（*Artemisia anethifolia*）、蒲公英	2m×2m
	17	阳斜坡中层土	铁杆蒿、达乌里胡枝子	2m×2m
	20	阴斜坡中层土	兔子毛草、苦荬菜、白沙蒿（*Artemisia sphaerocephala*）	2m×2m
	25	阴斜坡中层土	铁杆蒿、达乌里胡枝子、苦荬菜	2m×2m
	30	阴缓坡中层土	披碱草、委陵菜、紫花苜蓿、兔子毛草、白叶蒿（*Artemisia leucophylla*）、鸽子花（*Davidia involucrata*）	2m×2m
	40	阴斜坡中层土	达乌里胡枝子、草地风毛菊（*Saussurea amara*）、披碱草（*Elymus dahuricus*）、百里香（*Thymus vulgaris*）、蒲公英	2m×2m
	43	阴缓坡中层土	达乌里胡枝子、兔子毛草、草地风毛菊、苦荬菜、百里香	2m×2m
白榆林	8	阳缓坡中层土	苍耳（*Siberia Cocklebur*）、铁杆蒿、蒺藜、达乌里胡枝子、兔子毛草	2m×4m
	15	阴缓坡中层土	铁杆蒿、达乌里胡枝子	2m×2m
	18	各向缓坡厚层土	牻牛儿苗（*Erodium stephanianum*）、铁杆蒿、达乌里胡枝子、白草（*Pennisetum centrasiaticum*）	2m×2m
	20	各向缓坡厚层土	大赖草、狗尾巴草、铁杆蒿、地锦（*Euphorbia helisocopia*）	2m×2m
	27	阳缓坡中层土	达乌里胡枝子、猪毛菜、阿尔泰狗娃花（*Heteropappus altaicus*）	2m×2m

续表

林分类型	林龄/a	立地类型	主要地被物	备注 株距×行距
白榆林	30	阴缓坡中层土	达乌里胡枝子、糙隐子草	2m×2m
	40	各向缓坡厚层土	苍耳、铁杆蒿、达乌里胡枝子	2m×2m
	43	阳缓坡中层土	达乌里胡枝子、狗尾巴草、紫花苜蓿、白蒿、蒺藜	2m×2m
山杏林	5	阳缓坡中层土	直立黄芪（*Astragalus adsurgens*）、大胡麻（*Linum usitatissimum*）、达乌里胡枝子、兔子毛草	2.5m×4m
	6	阴缓坡中层土	达乌里胡枝子、兔子毛草、铁杆蒿	2m×4m
	8	各向缓坡厚层土	甘草、蕨菜（*Pteridium aquilinum*）、铁杆蒿、达乌里胡枝子披碱草	2m×3m
	10	各向缓坡厚层土	达乌里胡枝子、铁杆蒿、山苦荬	2m×3m
	11	阳缓坡中层土	达乌里胡枝子、北黄花菜(*Hemerocallis lilio-asphodelus*)、铁杆蒿	2m×2m
	13	阴缓坡中层土	甘草、兔子毛草、铁杆蒿、达乌里胡枝子、披碱草	2m×2m
	18	各向缓坡厚层土	萎陵菜、白叶蒿、兔子毛草、达乌里胡枝子	2m×2m
	21	阴斜坡中层土	达乌里胡枝子、阿尔泰狗娃花、披碱草	2m×2m
	23	阳斜坡中层土	达乌里胡枝子、兔子毛草、铁杆蒿	2m×2m
	30	阳斜坡中层土	达乌里胡枝子、白叶蒿、兔子毛草、铁杆蒿	2m×2m
	35	阳缓坡中层土	甘草、铁杆蒿、达乌里胡枝子、披碱草	2m×2m
沙棘林	6	阳斜坡中层土	委陵菜、披碱草、紫花苜蓿、白叶蒿	2m×4m
	8	各向缓坡厚层土	大籽蒿（*Artemisia sieversiana*）、猪毛菜、紫花苜蓿、蒺藜、针茅、白叶蒿	2m×4m
	10	阴斜坡中层土	达乌里胡枝子、猪毛菜、紫花苜蓿	2m×4m
	13	各向缓坡厚层土	籽蒿、猪毛菜、紫花苜蓿、蒺藜、针茅、白叶蒿	2m×4m
	14	各向缓坡厚层土	光滑米口袋（*Gueldenstaedtia maritima*）、猪毛菜、白叶蒿	2m×4m
	19	各向缓坡厚层土	猪毛菜、白叶蒿、甘草	2m×4m
	22	各向缓坡厚层土	猪毛菜、紫花苜蓿、蒺藜、针茅、白叶蒿	2m×4m
	30	阴斜坡中层土	猪毛菜、紫花苜蓿、蒺藜、针茅、白叶蒿	2m×4m
	35	阳斜坡中层土	籽蒿、猪毛菜、紫花苜蓿、蒺藜、针茅、白叶蒿	2m×4m

续表

林分类型	林龄/a	立地类型	主要地被物	备注 株距×行距
柠条林	2	阴斜坡中层土	达乌里胡枝子、披碱草、猪毛菜、亚麻（*Linum usitatissimum*）	1m×1.5m
	4	阳斜坡中层土	狗尾巴草、达乌里胡枝子	1m×1.5m
	5	阳斜坡中层土	狗尾巴草、达乌里胡枝子	1m×1.5m
	6	阳斜坡中层土	狗尾巴草、蒺藜、线叶野荞麦（*Fagopyrum lineare*）、紫花苜蓿	1m×1.5m
	9	各向缓坡厚层土	狗尾巴草、蒺藜、野荞麦、紫花苜蓿	1m×1.5m
	10	各向缓坡厚层土	达乌里胡枝子、狗尾巴草、紫花苜蓿	1m×1.5m
	13	各向缓坡厚层十	苍耳、狗尾巴草、线叶野荞麦、紫花苜蓿	1m×1.5m
	14	各向缓坡厚层土	狗尾巴草、多果鸡爪子草（*Calathodes polycarpa*）、蒺藜、线叶野荞麦、紫花苜蓿	1m×1.5m
	20	阴缓坡中层土	狗尾巴草、星星草、车辘轱、菊科、野荞麦、紫花苜蓿	1m×1.5m
	35	各向缓坡厚层土	狗尾巴草、鸡爪子草、星星草（*Puccinellia tenuiflora*）、车前草（*Plantago asiatica*）、地瓜（*Pachyrhizus erosus*）、蒺藜、线叶野荞麦、紫花苜蓿	1m×1.5m

因防护林林龄分布差异较大，碳储量随林龄变化的研究对准确估算小流域植被碳储量十分重要。基于不同防护林树种龄组划分（表 3.2），小流域防护林林龄及面积分布统计，见表 3.3。

表 3.2　国家部分优势树种（组）龄组划分表

树种	地区	起源	龄组划分					龄级划分/a
			幼龄林	中龄林	近熟林	成熟林	过熟林	
杨树	北方	人工	10 以下	11～15	16～20	21～30	31 以上	5
油松	北方	人工	20 以下	21～30	31～40	41～60	61 以上	10
榆树	北方	人工	20 以下	21～30	31～40	41～60	61 以上	10

资料来源：《国家森林资源连续清查技术规定（国家林业局 2004）》。

研究中，以天然草地碳库为本节计算固碳潜力的基线值，以各树种成熟林碳库为参考值，计算防护林各林分类型的固碳潜力。天然草地各碳库碳储量见表 3.4。

表 3.3　小流域防护林林龄及面积分布情况

林分类型	面积/km^2					合计/km^2
	幼龄林	中龄林	近熟林	成熟林	过熟林	
杨树	1.37	1.06	1.85	2.22	—	6.52
油松	0.15	0.20	0.24	0.07	—	0.67
榆树	0.18	0.06	0.21	0.15	—	0.60
山杏	0.98（<10a）			1.30（>10 a）		2.29
沙棘	0.17（<10 a）			0.11（>10 a）		0.28
柠条	0.84（<6 a）			0.04（>6 a）		0.88
其他						0.89

"—" 表示没有该种林。

表 3.4　初始植被类型不同碳库碳储量基线值

碳储量/（g/m^2）			
植被碳库	土壤碳库	凋落物碳库	生态系统碳库
69.69	6276.25	44.43	6390.37

3.1　流域主要林分类型碳库特征及系统固碳效应研究方法

对黄花甸子小流域及其境内主要林分类型进行全面调查，并设立标准地，分别测定标准地内林木的树高、胸径、枝下高和冠幅等林分因子，详细记录树种、林龄、郁闭度、密度、土层厚度、坡度、坡向、坡位、树种组成、地理位置等。分析选取流域内面积较大的几种林分类型：小叶杨、白榆、油松、山杏、柠条及沙棘林。为使研究具有较完整的林龄序列，以使研究结果更具指导意义，调查取样时按照立地条件相同或相近的原则，在流域周边对部分林分进行补测。建立防护林林龄序列与碳汇功能关系，因小流域防护林栽植年限较短，故对各乔木树种的过熟林未作分析。

1. 具体样品采集

1）乔（灌）木样方设置

结合当地林业部门提供的不同造林时期的林分分布情况及研究区森林资源分

布图，确定调查样地。每个林分样区分别设置 3 个 20m×20m 的乔（灌）木样方，并在样方四角及中心分别布设 1 个 1m×1m 的草本样方，每个草本样方内布设一个 0.25m×0.25m 的凋落物样方，在草本样方内采用剖面法按 0～10cm，10～20cm，20～40cm，40～60cm 及 60～100cm 土层取土样，每层取 3 个重复。

2）天然草地样方的设置（即对照样地的设置）

随机选取流域内 5 个不同部位的草本样区，每个样区布设 3 个 1m×1m 的草本样方，每个草本样方内布设一个 0.25m×0.25m 的凋落物样方，在草本样方内按 0～10cm，10～20cm，20～40cm，40～60cm 及 60～100cm 土层取土样，每层取 3 个重复。

土壤分析数据取土壤剖面的平均值。

2. 样品测定

1）林龄的确定方法

按照标准木树干解析木法确定林龄，得到的林分林龄与林业部门的造林年限一致。山杏林、沙棘林及柠条林林龄的确定由当地林业部门提供。

2）乔（灌）木层、草本层、凋落物层生物量的测定方法

在每个标准地内进行每木调查，根据测定结果确定标准木。伐倒标准木后称其各器官生物量，并取混合样 250g，带回实验室备测碳含量；草本生物量测定采用全部收获法（地上、下部分）并称重，根据各草种比例取样品 250g，并带回实验室备测含碳率；每个凋落物样方内收集样方内的全部枯枝落叶，取部分样品带回实验室，备测含碳率。

3）乔（灌）木层、草本层、凋落物层含碳率的测定方法

乔（灌）木层、草本层、凋落物层含碳率的测定采用湿烧法，即重铬酸钾硫酸法。

4）土壤样品的测定

土壤容重的测定采用环刀法。土壤有机含碳率的测定采用重铬酸钾-浓硫酸外加热法。

3. 统计分析

1）植被、凋落物生物量计算

由调查得到标准地树木的株数，根据求得标准木的生物量进而得到单位面积

乔（灌）层的生物量。草本层及凋落物层经折算后求得单位面积生物量。

2）植被、凋落物碳储量计算

植被、凋落物碳储量由生物量干重乘以所测含碳率求得。

3）土壤碳储量计算

土壤碳储量计算方法采用程先富等的方法，公式如下：

$$\mathrm{SOC}=\sum_{i=1}^{n}D_i\times\theta_i\times C_i\times(1-\delta_i)/10 \tag{3.1}$$

式中，SOC 为土壤有机碳密度（g/m^2）；n 为土层数，本书为 5；D_i 为不同土层的厚度（cm）；θ_i 为土壤容重（g/cm^3）；C_i 为不同土层土壤有机含碳率（g/kg）；δ_i 为大于 2mm 砾石含量（体积%）。由于小流域属于黄土漫岗及黄土丘陵区，土壤以黄土母质发育而成，砾石含量少，因此式（3.1）中的 δ_i 为 0。

4）森林生态系统碳储量计算

森林生态系统碳储量为植被层碳储量、凋落物层碳储量及土壤有机碳储量三者之和。

5）生态系统固碳潜力计算

生态系统固碳潜力可采用式（3.2）求得。由于小流域原生植被破坏严重，而防护林的林龄较短，大多栽植于 20 世纪 80 年代前后，所以无法找到生态系统碳储量达饱和状态时的生态系统（如植被破坏之前的生态系统或地带性植被老龄林的生态系统）。因此，本书所说的造林生态系统固碳潜力是指在当前气候和自然干扰情况下，生态系统由之前的天然草地转变为森林后，在未来几十年或一段时间内的最大固碳量。评估造林固碳潜力的公式如下：

$$\mathrm{CSP=CSr-CS} \tag{3.2}$$

式中，CSP（Carbon Sequestration Potential）为生态系统固碳潜力（g/m^2）；CSr（Carbon Stock of Referred Ecosystem）为参考植被类型的碳储量（g/m^2），当参考植被类型生态系统碳储量达饱和时，此时的碳储量称为生态系统碳容量 CCC（Carbon Carrying Capacity）；CS（Carbon Stock）为初始植被类型的碳储量（g/m^2）。

由于参考植被类型的碳储量较难获得，所以分析采用各组成碳库——林龄序列中最大林龄所对应的生态系统碳储量作为 CSr，以未退牧的天然草地生态系统碳储量为 CS（小流域原属于半干旱森林草原植被类型区，因人为破坏较严重，自然植被丧失殆尽，逐渐演变为半风沙荒草地。为了地区生态恢复，大规模的人工造林开始于 20 世纪 80 年代前后）。

3.2　小叶杨林分碳库特征及系统固碳效应

小叶杨为杨柳科杨属乔木，为良好的防风、固沙、保土和绿化树种，是我国北方半干旱地区的主要乡土树种和栽培树种，更是重要的防护林树种。小叶杨喜光，不耐庇荫，是杨树中适应性较强、分布较广的速生树种，垂直分布可达海拔 3000m，能耐 40℃的极端高温和−36℃的极端低温；并于 20 世纪 80 年代前后成为赤峰市敖汉旗的主要造林树种，也是该流域面积最大的树种。

3.2.1　小叶杨林分植被层固碳效应

小叶杨纯林林分的植被碳储量包括乔木层和草本层的碳储量。小叶杨林分乔木层的碳汇过程见图 3.1，其碳储量变幅为 780.00～4500.00g/m^2，平均为 2410.86g/m^2。从幼龄林—成熟林阶段，乔木层碳汇过程曲线呈对数函数，拟合方程为

$$y=2288.6\ln(x)-3302.7,\quad R^2=0.9984$$

从图 3.2 可以看出，幼龄林的平均碳汇速率为 203.4g/（m^2·a），中龄林的平均碳汇速率为 196g/（m^2·a），近熟林的平均碳汇速率为 174g/（m^2·a），成熟林的平均碳汇速率为 150g/（m^2·a）。可见，小叶杨乔木层平均碳汇速率随林龄的增加而逐渐下降，且平均碳汇速率最大出现在幼龄林阶段，这一结果与高岗(2009)的研究结果基本一致，研究认为小叶杨在 5～10a 生长最快。随着林木进入中龄林到成熟林的过程，碳汇速率呈递减趋势。随着林木不断生长，树木单株营养面积减小，在没有及时疏株间伐的情况下，满足不了林木正常生长的需要，致使林木树势衰弱；加之林木不断生长，不给予合理修枝，使林木顶端优势不强或光合作用积累干物质减少，这造成小叶杨林分乔木层植被碳汇速率随林龄增加而逐渐降低。

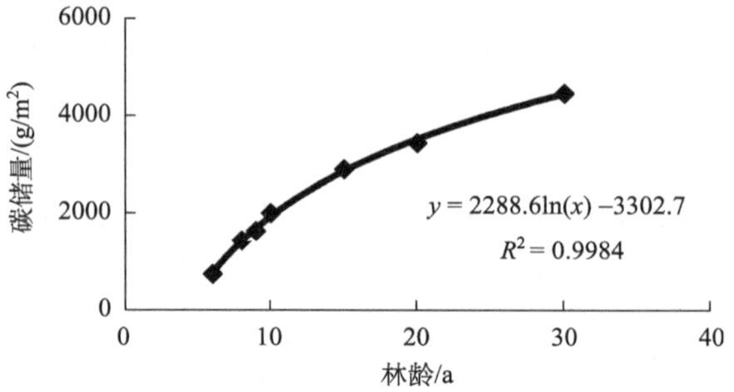

图 3.1　小叶杨林分乔木层碳汇过程

小叶杨林林木平均碳汇速率大小表现为：幼龄林>中龄林>近熟林>成熟林（图 3.2）。图 3.2 间接反映了小叶杨林木的生长变化经历了旺盛—缓慢的过程。小叶杨是一种乔木树种，生长相对缓慢，在幼龄林阶段积累的生物量碳储量达到峰值，之后生长又渐趋缓慢，直到进入成熟林阶段生长速率降到最低。

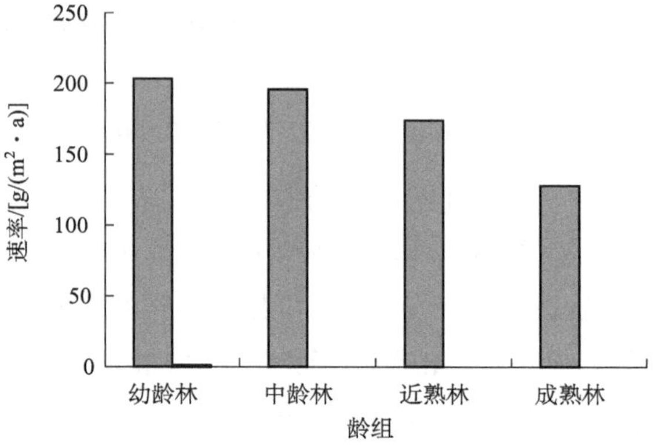

图 3.2　小叶杨林分乔木层平均碳汇速率

小叶杨林分草本层碳储量很少，变幅为 124.25～203.25g/m^2，平均为 154.42g/m^2（图 3.3）。从植被碳储量的组成来看，草本层碳储量较少。随着林龄增加，草本层碳汇过程基本表现为先增加后减小的趋势，拟合方程为

$$y=-0.288\ln(x)+12.196x+57.994，R^2=0.7225$$

在幼龄林和中龄林阶段，林分郁闭度较低，林下草本不仅可以得到充分的光照，还可以较好地利用林冠的遮阴作用，从而为其生长提供了相对有利的条件；

随着林木不断生长，林分逐渐达到郁闭，林分的透光性较差，林下形成阴暗环境，所以林下草本的光照资源受到限制，至少没有幼树阶段充足，这使得林下草本出现减小的趋势，进而导致近熟林和成熟林阶段草本层碳储量呈下降趋势。崔国发(1996)在研究中指出，人工林生态系统结构较简单，尤其是纯阔叶单层林，当林分达到郁闭以后，培育树种成为优势树种，使得林下植物难以生存，林下草本也很稀少，形成了所谓的“清膛林”现象。

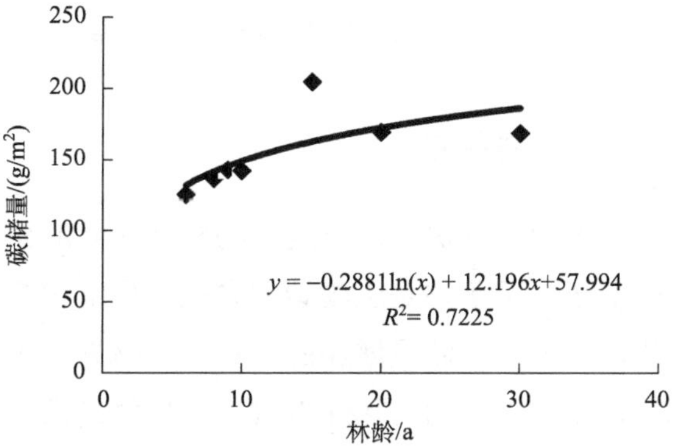

图 3.3　小叶杨林分草本层碳汇过程

3.2.2　小叶杨林分凋落物层固碳效应

凋落物是土壤碳变化的先驱，凋落物的性质和分解速度影响土壤碳库的变化。土壤碳储量增加的 70%～80%来源于凋落物的分解。

从图 3.4 可以看出，随着林龄的增加，小叶杨林分凋落物层碳储量不断增加。其变化趋势的拟合方程为

$$y=-0.092x^2+10.764x-46.763，R^2=0.8974$$

6a、8a、9a、10a、15a、20a 及 30a 凋落物层碳储量分别为 32.07g/m^2、30.28g/m^2、32.63g/m^2、49.61g/m^2、63g/m^2、168.34g/m^2 及 185.54g/m^2。凋落物主要来源于林木的枯枝落叶和杂草，在造林初期，由于幼树比较小，凋落物的归还量较少，之后，随着林木不断长大，地上生物量的积累使得凋落物归还量增加。此外，因凋落物沉积于林下，受人为扰动相对较轻，加之每年的分解量有限，所以凋落物层碳储量随林龄的增大而增加。

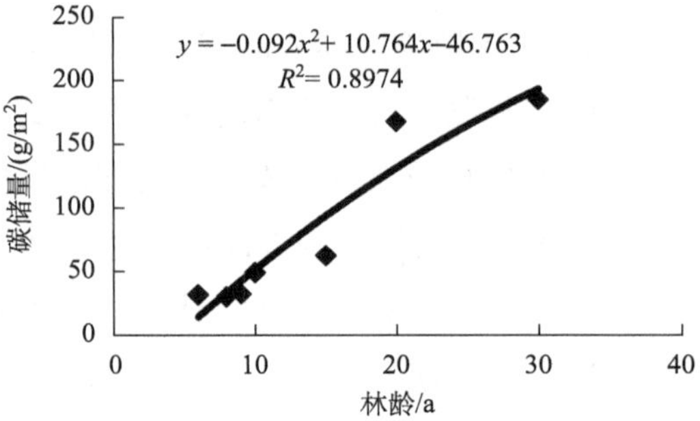

图 3.4　小叶杨林分凋落物层碳汇过程

3.2.3　小叶杨林分土壤层固碳效应

土壤碳库大小主要由两部分决定：一是植物枯枝落叶的输入量，二是枯枝落叶的分解率。如前面所述，凋落物是土壤碳的先驱，凋落物的性质及分解速率影响着土壤碳库的变化，且土壤碳储量增加的 70%～80%来源于凋落物对枯枝落叶的分解。人工造林后，土壤碳库的变化速度较地上生物量碳库的变化速度要慢很多，这是因为造林对土壤碳储存的变化有缓冲作用。

不同林龄的小叶杨林分土壤碳汇过程见图 3.5。从图 3.5 中可知，土壤碳储量随林龄增加呈增加趋势，其变化可用二次多项式来描述，拟合方程为

$$y=0.9091x^2-10.424x+6162，R^2=0.9634$$

说明不同林龄的小叶杨对土壤碳汇的影响不同，不同林龄的林木在林中所处的地位各异。

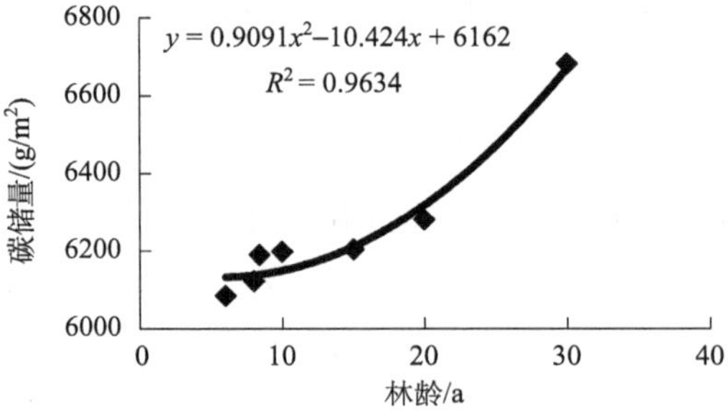

图 3.5　小叶杨林分土壤碳汇过程

土壤有机碳随林龄变幅为 6083.97～6679.21g/m²，具体表现为 6a、8a、9a、10a、15a、20a 及 30a 小叶杨林分土壤碳储量分别为 6083.97g/m²、6122.27g/m²、

6188.34g/m^2、6197.41g/m^2、6203.35g/m^2、6279.36g/m^2 及 6679.21g/m^2。土壤碳储量基本呈现出在造林初期，值低于基线值，之后随林龄增大而缓慢增大。当小叶杨达 20a 时，土壤碳储量恢复到造林初期水平。当林龄为 30a 时，小叶杨林地土壤碳储量出现净累积。整个过程可以解释为：当林木种植以后，土壤中碳储量变化有缓冲作用。造林初期，土壤碳储量低于基线值水平，因扰动改善了土壤结构，增加了土壤通气性，提高了土壤微生物活性，加速了土壤有机碳的释放；同时，土壤有机碳积累依赖于凋落物的供给与分解，在造林初期，凋落物量虽有所增加，但凋落物的分解程度不深，从而使土壤有机碳的固定小于释放；也有人认为，在造林初期，林木吸收了土壤中的速效养分，在养分归还土壤的过程中，有相当长时间处于难利用状态，营养元素生物循环受到阻滞；随林龄增大，植被生长与土壤养分的耦合效应使土壤条件得到改善，土壤质量提高，使得土壤碳储量开始增加，并最终出现净累积现象。

3.2.4　小叶杨林分生态系统固碳效应

不同林龄的小叶杨生态系统碳汇过程及平均碳汇速率分别见图 3.6 和图 3.7。由图 3.6 可知，生态系统碳储量随林龄增加呈增加趋势，其变化趋势可用对数式来描述，拟合方程为

$$y=2662.7\ln(x)+2240.9，R^2=0.9901$$

生态系统碳储量在幼龄期增加较快，之后趋于缓慢。生态系统平均碳汇速率与林龄呈负相关关系，拟合方程为

$$y=4250.4x^{-0.7092}，R^2=0.9997$$

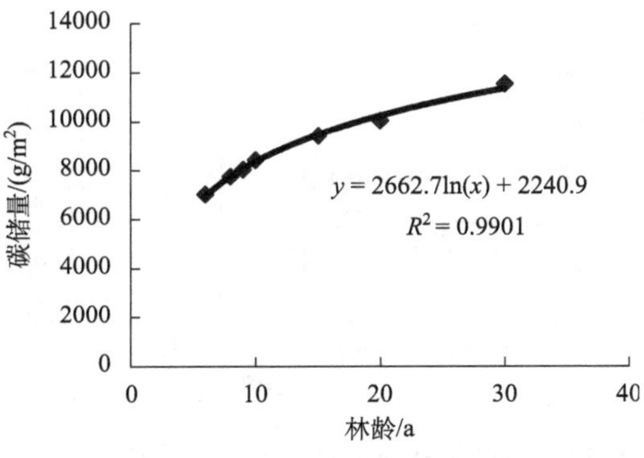

图 3.6　小叶杨林分生态系统碳汇过程

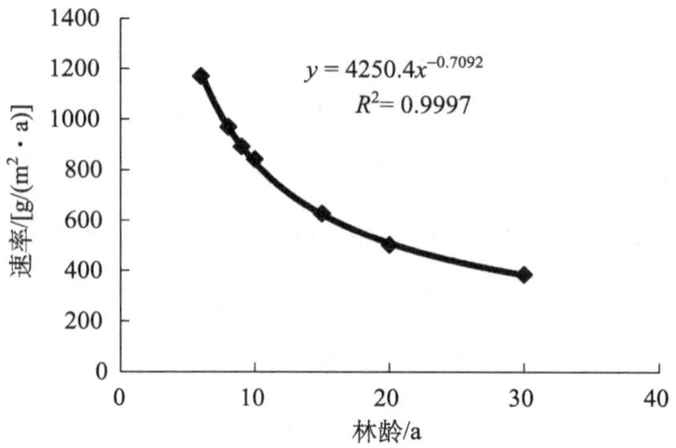

图 3.7　小叶杨林分生态系统平均碳汇速率

小叶杨林分生态系统碳汇过程具体表现为 6a、8a、9a、10a、15a、20a 及 30a 的生态系统碳储量分别为 7020.29g/m^2、7757.9g/m^2、8034.49g/m^2、8421.9g/m^2、9409.6g/m^2、10 042.96g/m^2 及 11 532.16g/m^2；平均碳汇速率分别表现为 1170.04g/（m^2·a）、969.73g/（m^2·a）、892.72g/（m^2·a）、842.19g/（m^2·a）、627.3g/（m^2·a）、502.15g/（m^2·a）及 384.41g/（m^2·a）。

3.2.5　小叶杨林分生态系统固碳潜力

通过式（3.2）计算知，在小流域种植小叶杨林之后，其幼龄林、中龄林、近熟林及成熟林的生态系统固碳潜力分别为 1956.39g/m^2、2899.85g/m^2、3652.59g/m^2 及 5141.79g/m^2（图 3.8）；30a 的小叶杨生态系统固碳潜力为 5141.79g/m^2，其中植被层碳库、土壤层碳库及凋落物层碳库的固碳潜力分别为 4597.31g/m^2、402.96g/m^2 及 141.11g/m^2（图 3.9）。

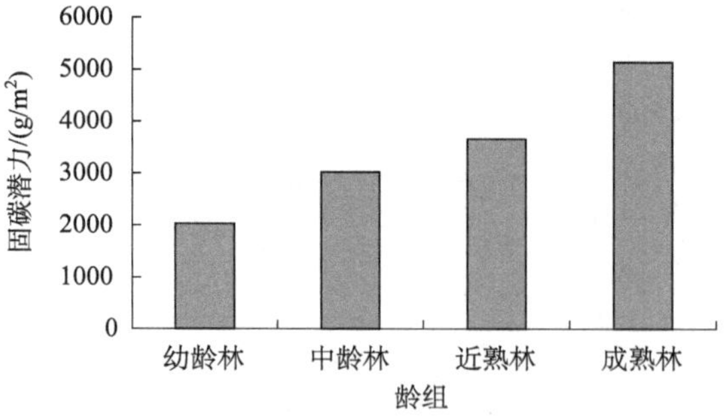

图 3.8　小叶杨林分不同龄组生态系统固碳潜力

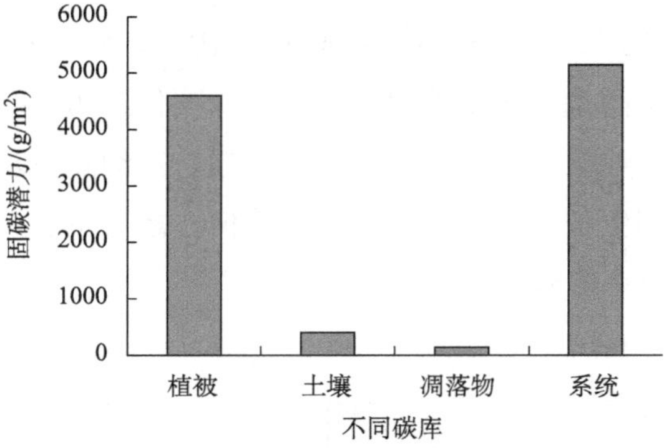

图 3.9　小叶杨林分不同碳库固碳潜力

3.3　油松林分碳库特征及生态系统固碳效应

油松抗寒能力较强，能耐−25℃的极端低温；对干旱有较强的适应性；耐瘠薄；喜微酸性、中性土壤，并且在土壤 pH 为 8～8.5 时也能正常生长；油松具有强大的主根和向四周扩展的侧根，为典型的深根性植物。其耐干旱、耐贫瘠、适应性强，防护林生长好，是我国华北地区的重要造林树种，在山地植被恢复中占有极其重要的位置。小流域油松林主要营造于 20 世纪 80 年代前后期。

3.3.1　油松林分植被层固碳效应

油松林分乔木层碳储量变幅为 450.00～3600.00g/m^2，平均为 1883.65g/m^2（图 3.10）。从幼龄林—成熟林阶段，林木碳汇过程曲线的拟合方程为

$$y=1548.2\ln(x)-2499.8，R^2=0.9161$$

林木在中龄林阶段碳储量增加较快，近熟林次之，成熟林最小。

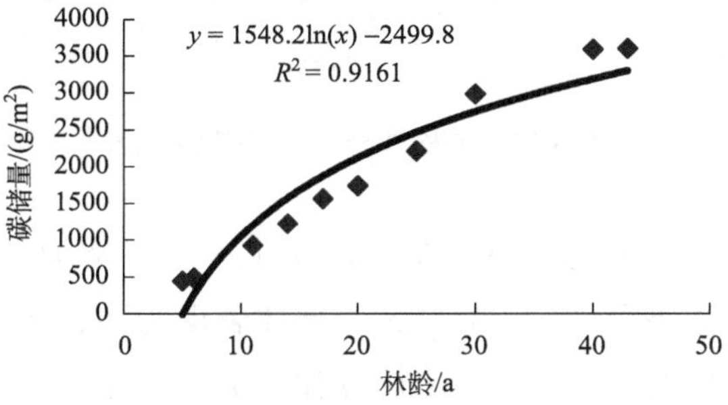

图 3.10　油松林分乔木层碳汇过程

油松林林木平均碳汇速率大小表现为：中龄林>近熟林>幼龄林>成熟林（图 3.11）。图 3.11 间接反映了油松林木的生长变化经历了缓慢—旺盛—缓慢的过程。油松是一种针叶乔木树种，生长相对缓慢，在幼龄林阶段积累的生物量碳储量未达峰值，直到生长进入中龄林时才达峰值，之后生长又渐趋缓慢，直到进入成熟林阶段生长速率降到最低。

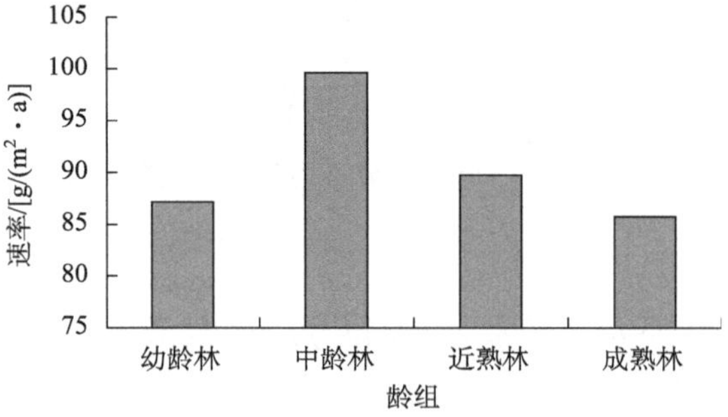

图 3.11　油松林分乔木层平均碳汇速率

油松林分草本层碳储量很少，仅为 129.64～164.97g/m^2，平均为 147.69g/m^2（图 3.12）。从幼龄林—成熟林阶段，草本层碳汇过程曲线的拟合方程为

$$y=11.48\ln(x)+115.1，R^2=0.435$$

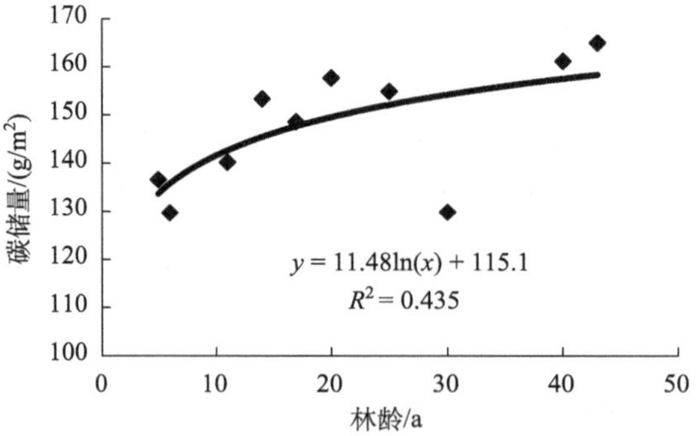

图 3.12　油松林分草本层碳汇过程

但规律不很明显，总体表现为随林龄增加呈缓慢增加趋势，43a 的时间里碳储量变幅很小，仅变化了 38.33g/m^2。具体表现为 5a、6a、11a、14a、17a、20a、25a、30a、40a 及 43a 油松林草本层碳储量分别为 136.62g/m^2、129.64g/m^2、

140.21g/m^2、153.33g/m^2、148.59g/m^2、157.66g/m^2、154.85g/m^2、129.86g/m^2、161.13g/m^2 及 164.97g/m^2。油松林草本层碳汇规律没有表现出与小叶杨林分相似的规律，因为油松属于针叶林，树冠遮阴对林下草本的光资源限制程度较小叶杨要小，所以草本层碳储量随林龄增加总体呈缓慢增加的趋势。

3.3.2　油松林分凋落物层固碳效应

随着林龄的增加，油松林分凋落物层碳储量不断增加。凋落物层碳储量与林龄变化正相关（图 3.13），拟合方程为

$$y=3.977x^{1.0794}，R^2=0.9264$$

原因详见小叶杨分析部分。

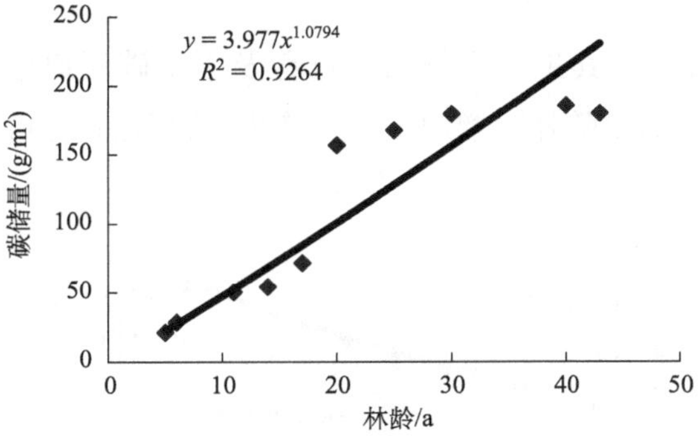

图 3.13　油松林分凋落物层碳汇过程

3.3.3　油松林分土壤层固碳效应

油松林分土壤层碳储量随林龄增加呈增加趋势（图 3.14）。其变化趋势可用二次多项式来描述，拟合方程为

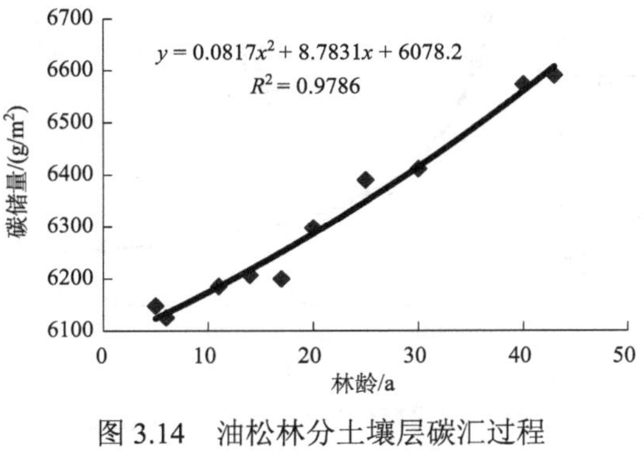

图 3.14　油松林分土壤层碳汇过程

$$y=0.0817x^2+8.7831x+6078.2,\quad R^2=0.9786$$

不同林龄的林木对土壤层碳汇的影响不同，同样说明不同林龄的林木在林中所处的地位各异。

油松林土壤层碳储量的变化速度比其在植被碳库中慢得多。原因同样可以由林木栽植以后对土壤碳储存的缓冲作用来解释，具体详见小叶杨分析部分。土壤层碳储量随林龄变化的变幅为 6125.64～6590.32g/m^2。土壤层碳储量在幼龄林末期（20a）时才恢复到造林初期土壤层碳库水平，之后缓慢增加并出现净累积。中龄林（30a）、近熟林（40a）及成熟林（43a）的土壤层碳库分别比造林初期增加了 2.15%、4.72%及 5.0%。

3.3.4　油松林分生态系统固碳效应

不同林龄的油松，其生态系统碳汇过程及平均碳汇速率分别见图 3.15 和图 3.16。生态系统碳储量随林龄增加呈增加趋势，其变化趋势可用指数式来描述，拟合方程为

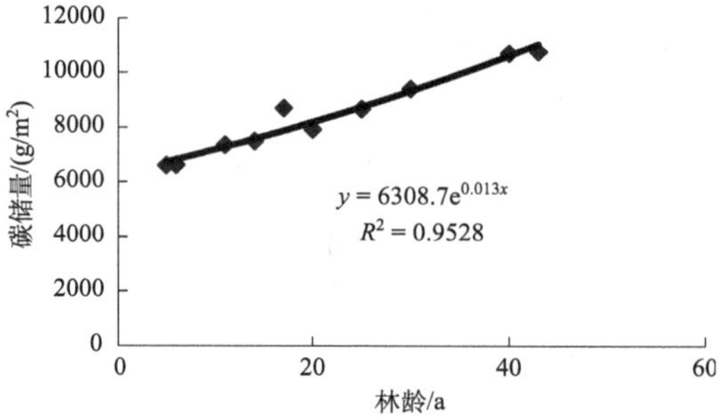

图 3.15　油松林分生态系统碳汇过程

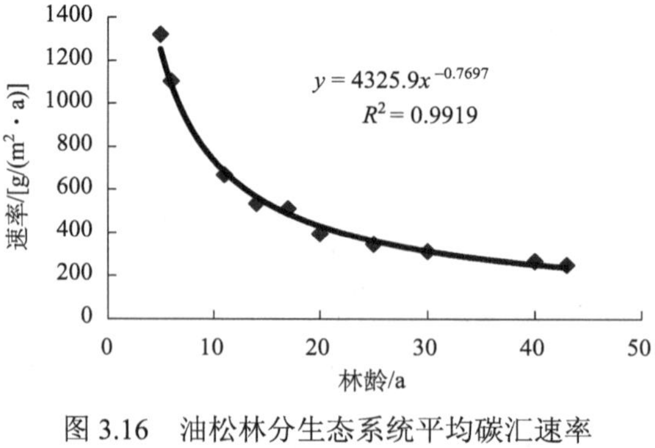

图 3.16　油松林分生态系统平均碳汇速率

$$y=6308.7e^{0.013x}，R^2=0.9528$$

如图 3.16 所示，生态系统平均碳汇速率与林龄的关系负相关，其变化趋势可用乘幂式来描述，拟合方程为

$$y=4325.9x^{-0.7697}，R^2=0.9919$$

由图 3.16 可知，生态系统碳储量在幼龄期增加较快，之后变化趋于缓慢。

3.3.5　油松林分生态系统固碳潜力

由式（3.2）计算可知，在研究区种植油松林之后，在幼龄林—成熟林阶段，生态系统固碳潜力逐渐增加。幼龄林、中龄林、近熟林及成熟林的生态系统固碳潜力分别为 1530.03g/m^2、3018.39g/m^2、4325.49g/m^2 及 4384.99g/m^2（图 3.17）；43a 的油松林生态系统固碳潜力为 4384.99g/m^2，其中植被层碳库、土壤层碳库及凋落物层碳库的固碳潜力分别为 3695.28g/m^2、314.07g/m^2 及 135.64g/m^2（图 3.18）。

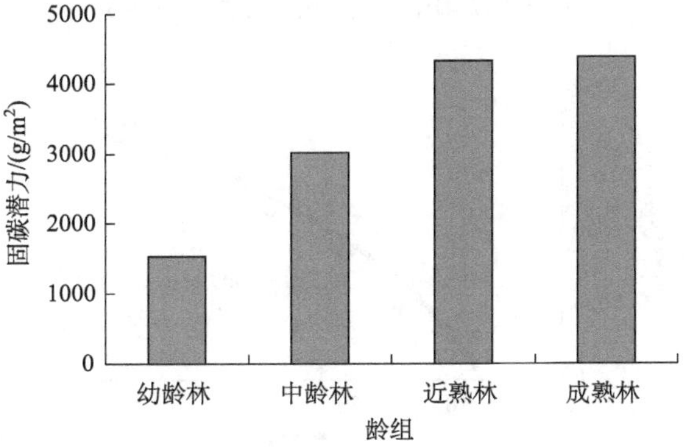

图 3.17　油松林分不同龄组生态系统固碳潜力

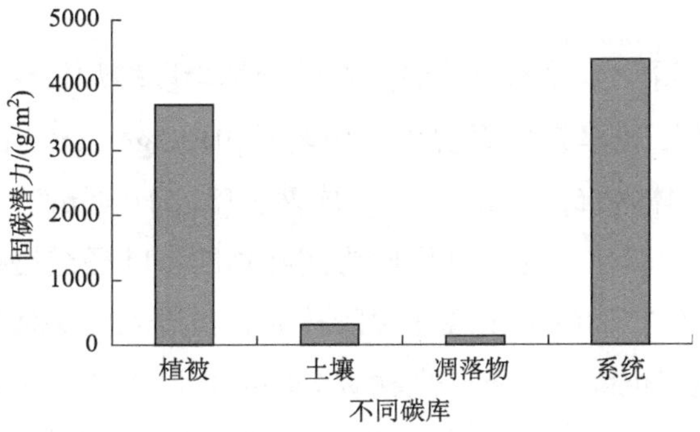

图 3.18　油松林分不同碳库固碳潜力

3.4　白榆林分碳库特征及生态系统固碳效应

白榆属榆科榆属，是我国北方常见的乡土用材树种，它适应性强，用途广泛，是我国栽培历史悠久的一种乡土树种，分布在我国长江以北的广大区域内，由于它速生优质，适应性、抗逆性强，经济价值高，近年来被广泛用于“四旁绿化”、防护林和轻盐碱地的主要造林树种。

3.4.1　白榆林分植被层固碳效应

白榆林分乔木层碳储量变幅为 591.00～3505.00g/m^2，平均为 2151.25g/m^2（图 3.19）。从幼龄林—成熟林阶段，林木碳汇过程曲线呈对数函数，拟合方程为

$$y=1907.4\ln(x)-3803, \quad R^2=0.9393$$

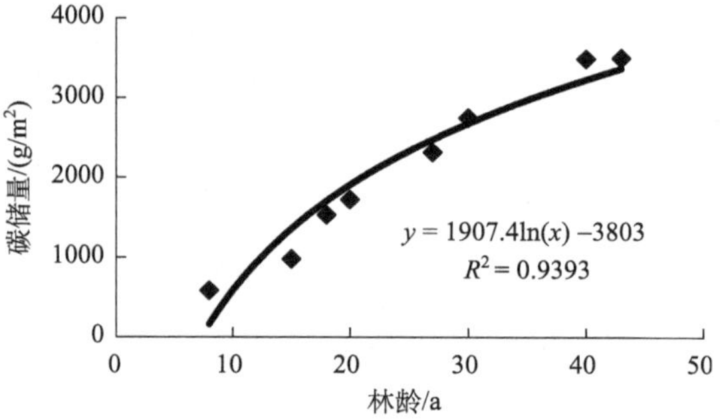

图 3.19　白榆林分乔木层碳汇过程

由图 3.20 可以看出，乔木层碳储量在中龄林阶段增加较快，近熟林次之，成熟林最小。平均碳汇速率具体表现为：中龄林[91.83g/（m^2 • a）]>近熟林[87.43 g/（m^2 • a）]>幼龄林[86.5g/（m^2 • a）]>成熟林[81.51g/（m^2 • a）]。白榆虽是一种阔叶乔木树种，但其生长速度远比同为阔叶林的小叶杨缓慢得多，而且在幼龄期生长速度未达峰值，而峰值出现在中龄林期。当进入成熟林阶段时，生长趋势稳定，平均碳汇速率也降到最低。白榆林分的乔木层碳储量积累过程仍经历了一个缓慢—旺盛—缓慢的生长过程，这与林木本身的生长特性与资源竞争理论有关。

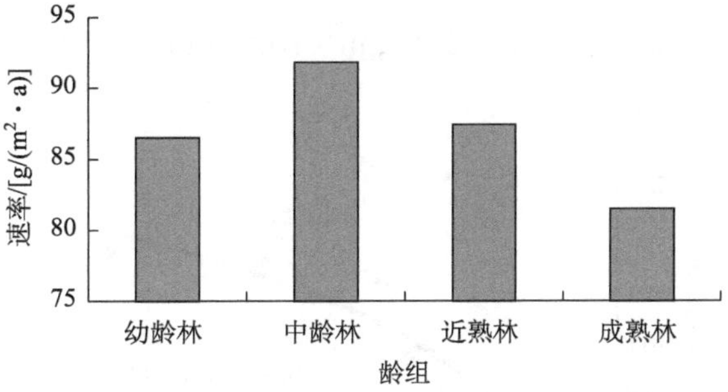

图 3.20　白榆林分乔木层平均碳汇速率

从植被碳储量的组成来看，乔木层碳储量占绝对优势，草本层碳储量较少。白榆林下草本层碳储量仅为 115.44～160.33g/m^2，平均为 146.96g/m^2（图 3.21）。幼龄林—成熟林过程，草本层碳汇过程曲线拟合方程为

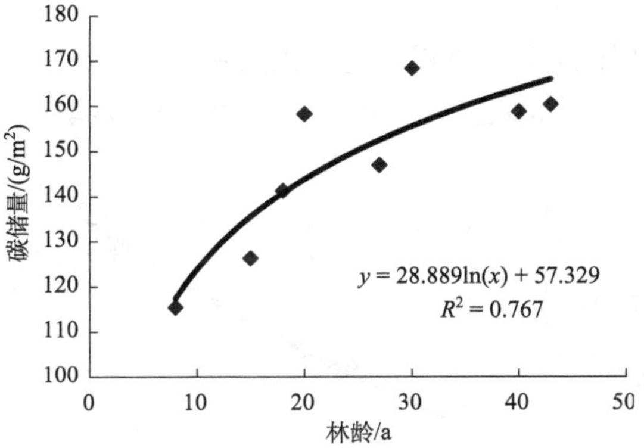

图 3.21　白榆林分草本层碳汇过程

$$y=28.889\ln(x)+57.329,\ R^2=0.767$$

草本层碳储量在林龄为 20a 之前增加较快，之后趋于缓慢，变化规律近似于小叶杨。

3.4.2　白榆林分凋落物层固碳效应

白榆林分凋落物层碳储量与林龄总体呈正相关关系（图 3.22）。拟合方程为

$$y=109.83\ln(x)-207.65,\ R^2=0.8837$$

白榆林分凋落物层碳储量具体表现为：8a、15a、18a、20a、27a、30a、40a

及 43a 分别为 28.14g/m²、58g/m²、91.06g/m²、160.22g/m²、158.27g/m²、181.85g/m²、197.33g/m² 及 189.94g/m²。

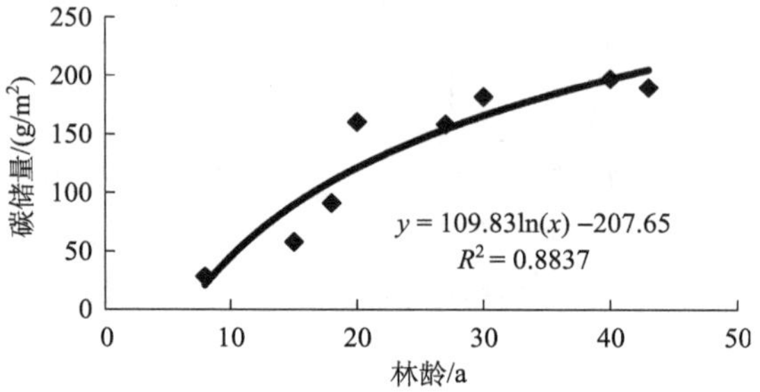

图 3.22　白榆林分凋落物层碳汇过程

3.4.3　白榆林分土壤层固碳效应

白榆林分土壤层碳储量与林龄呈正相关关系（图 3.23）。拟合方程为

$$y=0.0765x^2+6.7038x+6122.9，R^2=0.9469$$

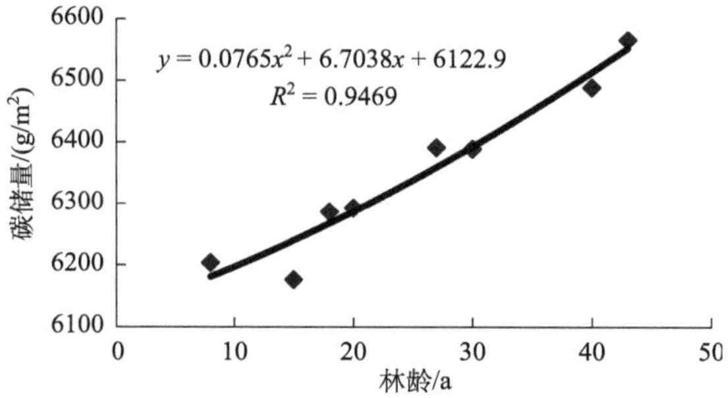

图 3.23　白榆林分土壤层碳汇过程

同样说明不同林龄的林木对土壤层碳增汇的影响不同。土壤层碳储量随林龄变化的变幅为 6176.88～6565.62g/m²，具体表现为 8a、15a、18a、20a、27a、30a、40a 及 43a 土壤层碳储量分别为 6204.18g/m²、6176.88g/m²、6287.05g/m²、6293.3g/m²、6391.36g/m²、6389.07g/m²、6488.74g/m² 及 6565.62g/m²。土壤层碳储量随造林年限的增加，开始一段时间内是降低的，其值低于基线值，之后随着林龄的增加而缓慢增加，直到幼龄林末期（18a）时，土壤层碳储量才达到造林初期土壤层碳库的水平，之后出现净累积。幼龄林（20a）、中龄林（30a）、近熟林（40a）及成

熟林（43a）分别比造林初期土壤层碳储量增加了 0.27%、1.79%、3.38%及 4.61%。

3.4.4　白榆林分生态系统固碳效应

不同林龄的白榆，其生态系统碳汇过程及平均碳汇速率分别见图 3.24 和图 3.25。生态系统碳储量随林龄增加呈增加趋势，其变化趋势可用对数式来描述，拟合方程为

$$y=2268\ln(x)+1707.8，R^2=0.9387$$

生态系统平均碳汇速率与林龄的关系负相关，其变化趋势可用对数式来描述，拟合方程为

$$y=-346.72\ln(x)+1497.4，R^2=0.9238$$

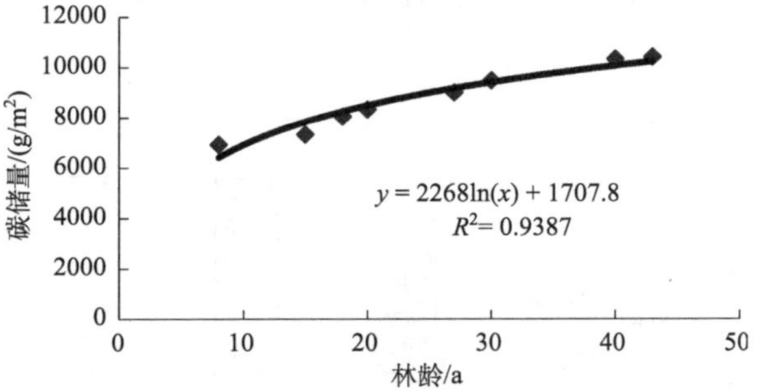

图 3.24　白榆林分生态系统碳汇过程

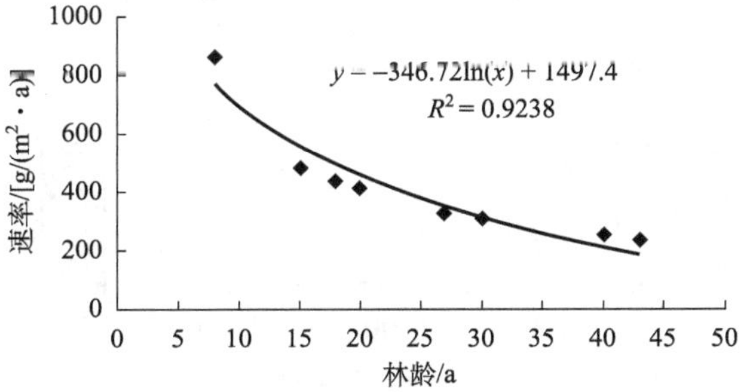

图 3.25　白榆林分生态系统平均碳汇速率

白榆林分生态系统碳汇过程具体表现为 8a、15a、18a、20a、27a、30a、40a 及 43a 分别为 6938.76g/m^2、7345.23g/m^2、8056.37g/m^2、8341.77g/m^2、9015.59g/m^2、9494.28g/m^2、10 341.81g/m^2 及 10 420.89g/m^2；生态系统平均碳汇速率表现为 8a、

15a、18a、20a、27a、30a、40a 及 43a 分别为 867.345g/（m^2·a），489.68g/（m^2·a）、447.57g/（m^2·a）、417.08g/（m^2·a）、333.91g/（m^2·a）、316.47g/（m^2·a）、258.54g/（m^2·a）及 242.34g/（m^2·a）。

3.4.5　白榆林分生态系统固碳潜力

不同龄组及不同碳库的白榆林固碳潜力分别见图 3.26 和图 3.27。由图 3.26 和图 3.27 可知，在当前气候条件和干扰强度下，在小流域种植白榆，其幼龄林、中龄林、近熟林及成熟林的生态系统固碳潜力分别为 1951.4g/m^2、3103.91g/m^2、3951.44g/m^2 及 4030.52g/m^2；当林木进入成熟林时期（43a），生态系统固碳潜力为 4030.52g/m^2，其中各碳库的固碳潜力分别为植被层碳库 3595.64g/m^2、土壤层碳库 289.37g/m^2 及凋落物层碳库 145.51g/m^2，分别占生态系统固碳潜力的 89.21%、7.18%及 3.61%。

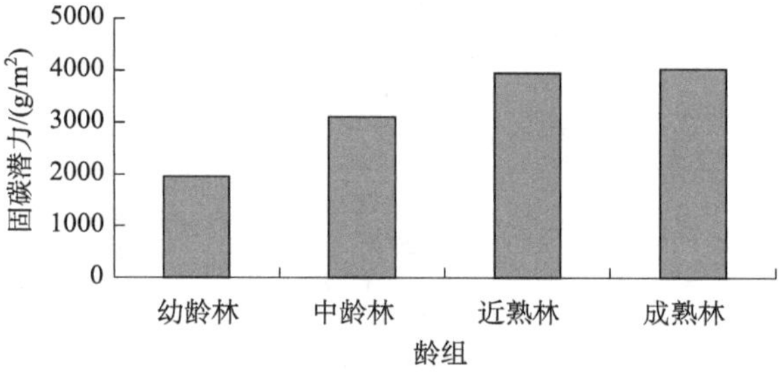

图 3.26　白榆林分不同龄组生态系统固碳潜力

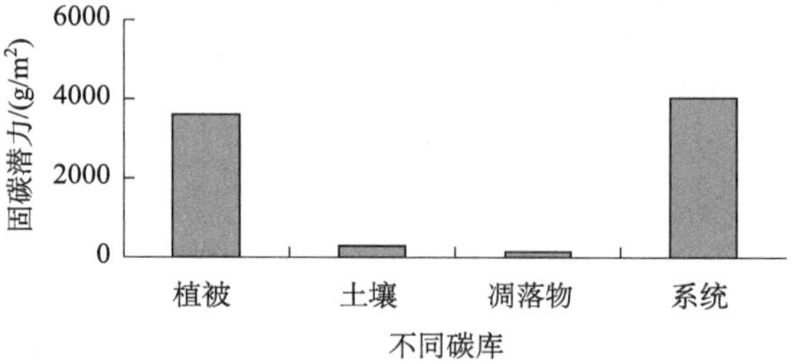

图 3.27　白榆林分不同碳库固碳潜力

3.5　山杏林分碳库特征及生态系统固碳效应

山杏为蔷薇科李亚科李属亚乔木，它抗旱、耐寒、适应性强，是一个重要的荒山造林树种，也是一个很好的木本油料经济树种，还是北方瘠薄山地、沙地造林的主要树种之一；并于 20 世纪 80 年代前后开始成为赤峰市敖汉旗的主要造林树种，同时也是小流域防护林中面积较大的树种。

3.5.1　山杏林分植被层固碳效应

山杏林分植被碳储量包括亚乔木层和草本层的碳储量。山杏亚乔木层碳储量与林龄呈正相关关系（图 3.28），碳汇过程拟合方程为

$$y=595.49\ln(x)-636.4，R^2=0.895$$

碳储量变幅为 198.00～1344.00g/m^2。

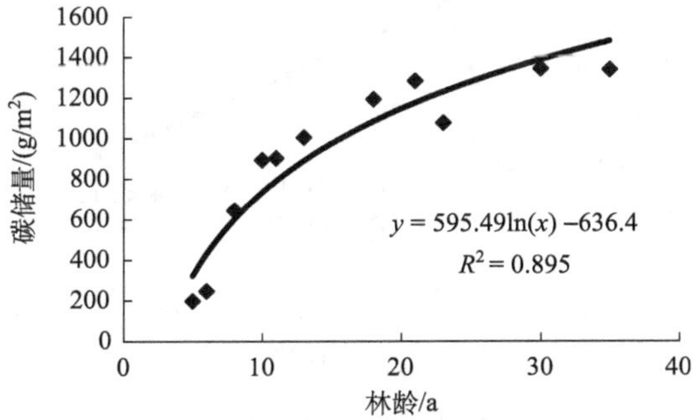

图 3.28　山杏林分亚乔木层碳汇过程

亚乔木层平均碳汇速率随林龄增加，呈现出先快速增加之后缓慢降低的趋势，且峰值出现在 10a 时（图 3.29）。亚乔木层平均碳汇速率的分段拟合曲线见图 3.30。由图 3.29 可知，山杏林在 10a 之前，亚乔木层平均碳汇速率随林龄增加而快速增加，拟合方程为

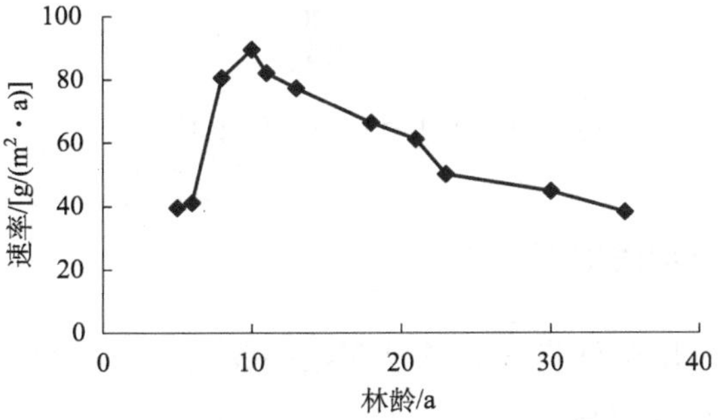

图 3.29　山杏林分亚乔木层平均碳汇速率

$$y=11.257x-18.888,\ R^2=0.9176$$

10a 之后，平均碳汇速率随林龄增加而减小，拟合方程为

$$y=-1.8939x+108.24,\ R^2=0.979$$

以上分析说明，为使山杏林发挥高效碳汇功能，当林龄达 10a 后，应该给予必要的抚育管理。

山杏林下草本层碳储量仅为 59.44～157.31g/m^2，平均为 112.52g/m^2（图 3.31）。幼龄林—成熟林过程，草本层碳汇过程曲线可拟合为

$$y=-0.191x^2+10.90x+3.891,\ R^2=0.9432$$

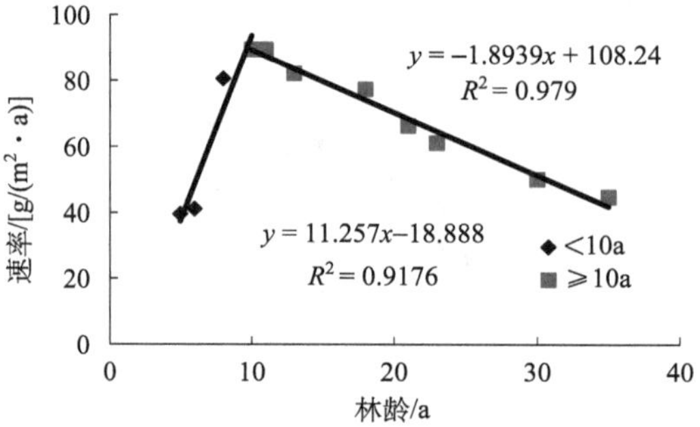

图 3.30　山杏林分亚乔木层平均碳汇速率分段拟合图

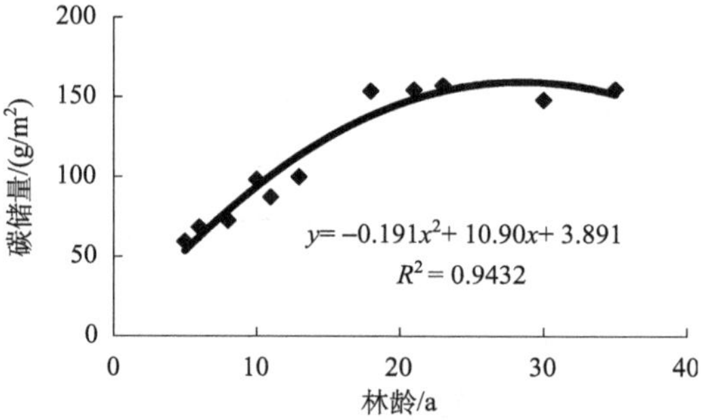

图 3.31　山杏林分草本层碳汇过程

3.5.2　山杏林分凋落物层固碳效应

山杏林分凋落物层碳储量与林龄呈正相关关系（图 3.32）。其变化趋势可用对数式来描述，拟合方程为

$$y=38.814\ln(x)-45.317,\ R^2=0.9724$$

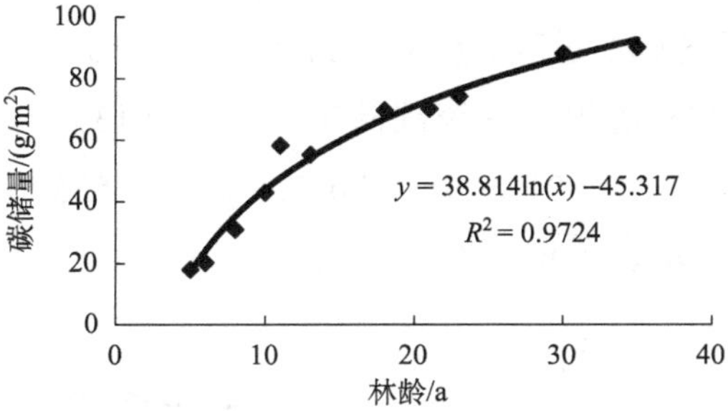

图 3.32　山杏林分凋落物层碳汇过程

3.5.3　山杏林分土壤层固碳效应

不同林龄的山杏林分土壤层碳汇过程见图 3.33。其变化趋势可用多项式来描述，拟合方程为

$$y=-0.956x^2+56.766x+5653.7，R^2=0.9042$$

造林初期，土壤层碳储量有所减小，其值小于基线值，当林龄达 13a 时，土壤层碳储量恢复到造林初期水平，之后缓慢增加并出现净累积。

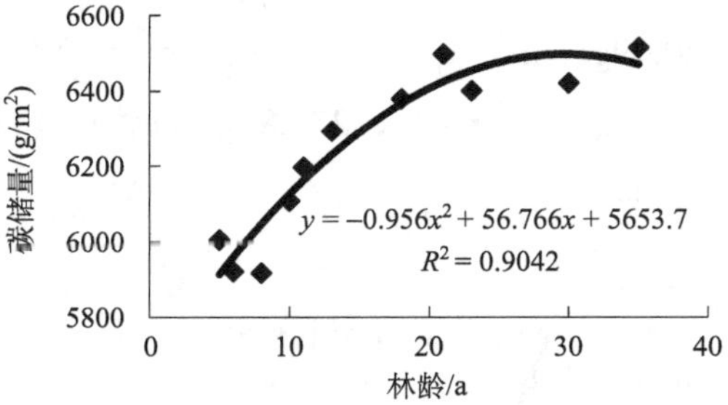

图 3.33　山杏林分土壤层碳汇过程

3.5.4　山杏林分生态系统固碳效应

山杏林分生态系统碳储量随林龄增加呈增加趋势，其碳汇过程变化趋势可用对数式来描述，拟合方程为

$$y=1246.4\ln(x)+3892.3，R^2=0.9797$$

山杏林分生态系统碳汇过程具体表现为 5a、6a、8a、10a、11a、13a、18a、21a、23a、30a 及 35a 的生态系统碳储量分别为 6135.86g/m^2、6123.05g/m^2、6280.21g/m^2、6647.58g/m^2、6821.98g/m^2、7047.78g/m^2、7535.89g/m^2、7809.85g/m^2、7808.58g/m^2、8156.86g/m^2 及 8311.82g/m^2（图 3.34）。

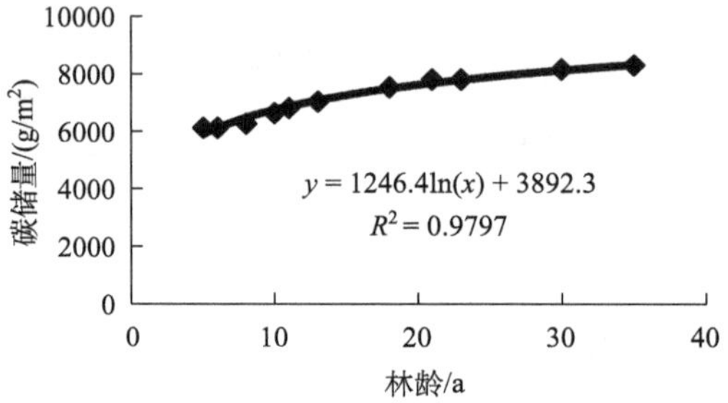

图 3.34　山杏林分生态系统碳汇过程

山杏林分生态系统平均碳汇速率随林龄增大呈下降趋势，拟合方程为

$$y=4497.1x^{-0.8248}，R^2=0.9991$$

平均碳汇速率表现为 5a、6a、8a、10a、11a、13a、18a、21a、23a、30a 及 35a 分别为 1227.172g/（m^2·a）、1020.508g/（m^2·a）、785.026g/（m^2·a）、664.76g/（m^2·a）、620.09g/（m^2·a）、542.08g/（m^2·a）、418.78g/（m^2·a）、371.9g/（m^2·a）、339.50g/（m^2·a）、271.89g/（m^2·a）及 237.48g/（m^2·a）（图 3.35）。

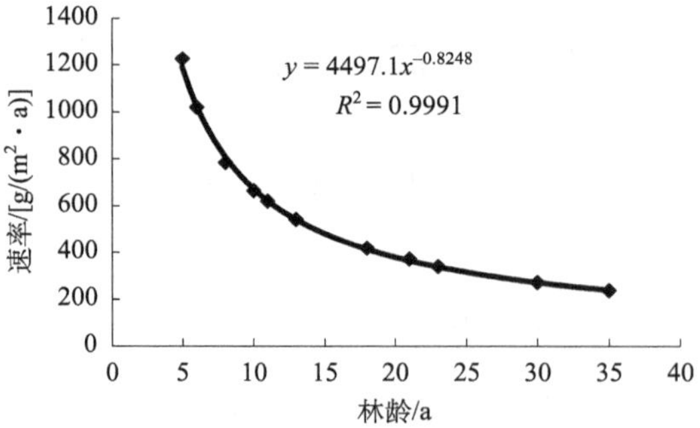

图 3.35　山杏林分生态系统平均碳汇速率

3.5.5 山杏林分生态系统固碳潜力

山杏林分不同碳库固碳潜力见图 3.36。由图可知，在当前气候条件和干扰强度下，在研究区种植山杏林，不同碳库固碳潜力分别为植被层碳库 1637.65g/m^2、土壤层碳库 238g/m^2、凋落物层碳库 45.8g/m^2 及生态系统碳库 1921.45g/m^2。植被层碳库、土壤层碳库及凋落物层碳库的固碳潜力分别占生态系统总固碳潜力的 85.23%、12.39%及 2.38%（35a）。可见，从长远来说，山杏林亚乔木层碳库对提高生态系统碳汇能力是可观的、积极的。

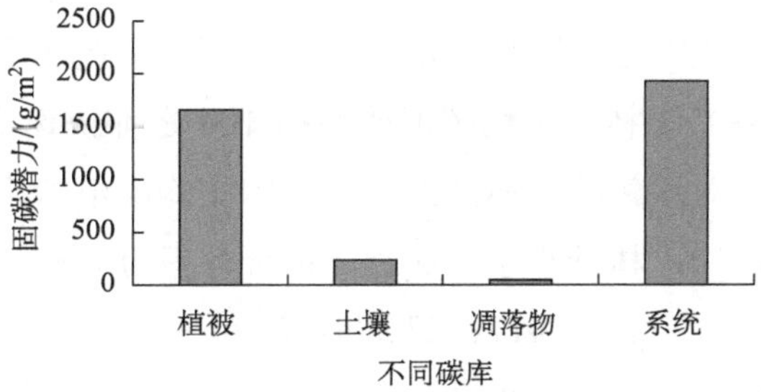

图 3.36 山杏林分不同碳库固碳潜力

3.6 沙棘林分碳库特征及生态系统固碳效应

沙棘是胡颓子科沙棘属多年生落叶灌木，具有较强的抗旱、抗瘠薄、耐平茬和根蘖能力，是西北半干旱半湿润地区优良的防护林、薪炭林和经济林树种，对当地的生态环境保护和经济发展都具有十分重要的意义。

3.6.1 沙棘林分植被固碳效应

沙棘林分灌木层碳储量与林龄序列的关系可用二次多项式函数去描述，拟合方程为

$$y=-2.0232x^2+105.4x-63.146,\quad R^2=0.7189$$

如图 3.37 所示。灌木层碳储量变幅为 278.00～1278.00g/m^2，平均为 980.78g/m^2。6a、8a、10a、13a、14a、19a、22a、30a 及 35a 沙棘林分灌木层碳储量分别为 278g/m^2、588g/m^2、960g/m^2、1176g/m^2、1220g/m^2、1060g/m^2、

1105g/m²、1162g/m² 及 1278g/m²。

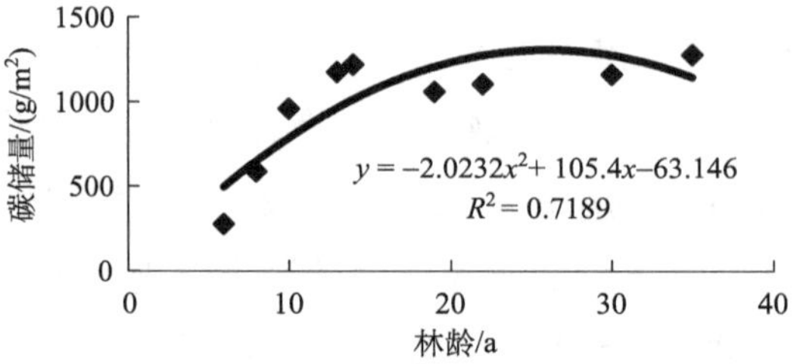

图 3.37　沙棘林分灌木层碳汇过程

沙棘灌木层平均碳汇速率随林龄增加，经历了一个快速增加—达峰值—缓慢降低的过程（图 3.38）。林木平均碳汇速率在 10a 之前快速增加，10a 之后缓慢降低。基于此，作者对沙棘整个林龄过程的林木平均碳汇速率进行分段拟合，结果见图 3.39。由图可知，林龄小于 10a 时，拟合方程为

$$y=12.417x-27.389，R^2=0.9971$$

林龄大于 10a 时，拟合方程为

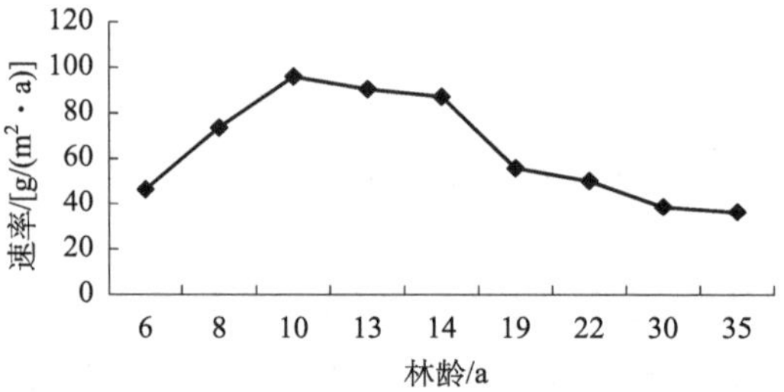

图 3.38　沙棘林分灌木层平均碳汇速率

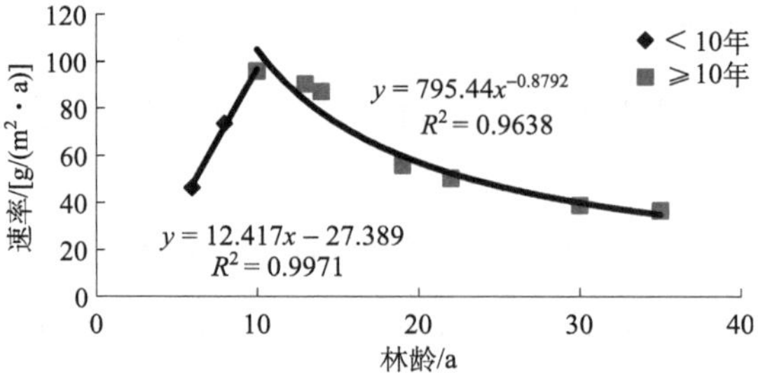

图 3.39　沙棘林分灌木层平均碳汇速率分段拟合图

$$y=795.44x^{-0.8792}, \quad R^2=0.9638$$

分析说明，为使沙棘林发挥高效碳汇功能，当林龄达 10a 之后，应给予必要的抚育管理措施。

从植被碳储量的组成来看，灌木层碳储量占绝对优势，草本层碳储量较少，沙棘林下草本层碳储量仅为 68.49～151.38g/m^2（图 3.40）。草本层碳储量随林龄的增加呈现的规律可用多项式去描述，拟合方程为

$$y=-0.0881x^2+6.5691x+28.734, \quad R^2=0.9417$$

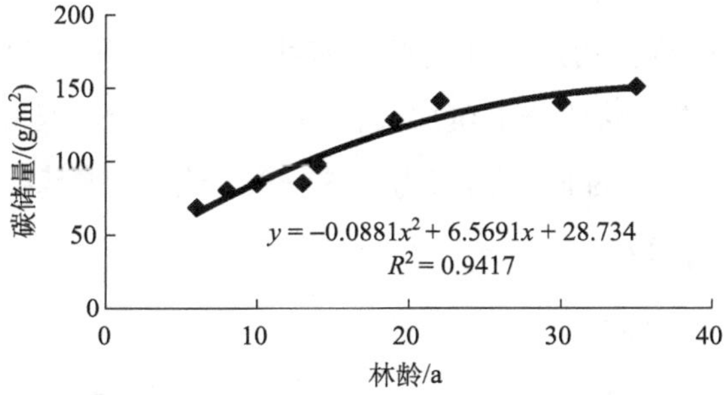

图 3.40　沙棘林分草本层碳汇过程

3.6.2　沙棘林分凋落物层固碳效应

随着林龄的增加，沙棘林分凋落物层碳储量与林龄变化呈正相关关系（图 3.41）。凋落物层碳储量的积累同样经历了一个由缓慢增加到快速增加的过程，拟合方程为

$$y=-0.0895x^2+7.5741x-21.799, \quad R^2=0.9571$$

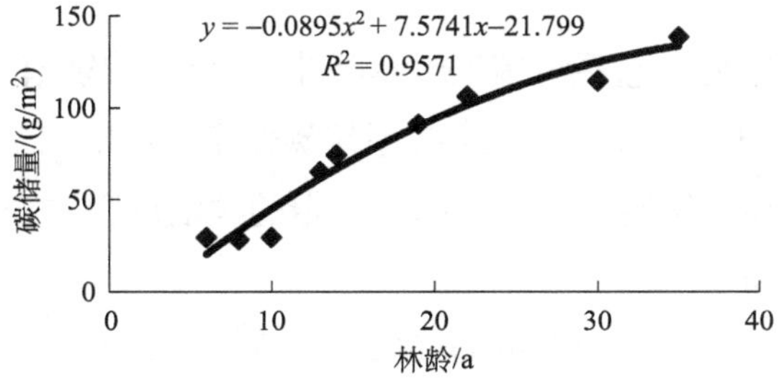

图 3.41　沙棘林分凋落物层碳汇过程

具体表现为 6a、8a、10a、13a、14a、19a、22a、30a 及 35a 沙棘林分凋落物层碳储量分别为 29.34g/m^2、28.11g/m^2、29.37g/m^2、65.06g/m^2、74.13g/m^2、91.05g/m^2、106.33g/m^2、114.57g/m^2 及 138.47g/m^2。

3.6.3　沙棘林分土壤层固碳效应

沙棘林分土壤层碳储量随林龄增加呈增加趋势，其变化趋势可用对数式来描述，拟合方程为

$$y=84.528\ln(x)+6063.2，R^2=0.9096$$

土壤层碳储量在造林初期，其值低于基线值，之后随林龄的增加呈缓慢增加趋势。例如，6a 和 8a 的沙棘林分土壤层碳储量分别为 6196.38g/m^2 和 6248.42g/m^2，低于基线值；当林龄达 10a 时，其值为 6253.69g/m^2，超越基线值；之后缓慢增加并出现净累积（图 3.42）。

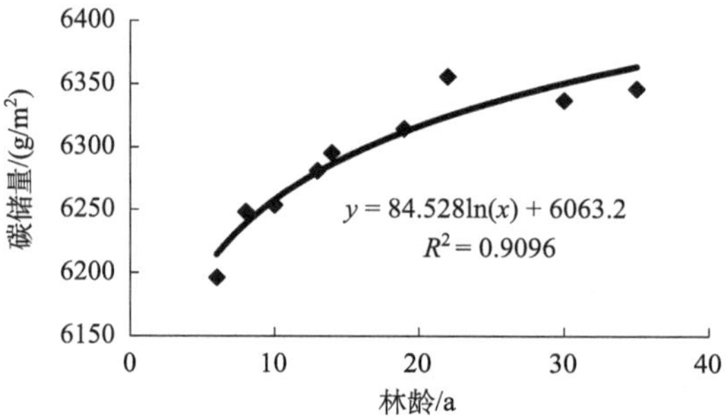

图 3.42　沙棘林分土壤层碳汇过程

3.6.4　沙棘林分生态系统固碳效应

不同沙棘林龄序列生态系统碳汇过程及生态系统平均碳汇速率见图 3.43 和图 3.44。由图 3.43 和图 3.44 可知，生态系统碳储量随林龄增加呈增加趋势，且经历了一个由快速增加到缓慢增加直到趋于稳定的碳汇过程，变化趋势可用对数式来描述，拟合方程为

$$y=661.75\ln(x)+5664.9，R^2=0.8157$$

生态系统平均碳汇速率曲线可用乘幂式来描述，拟合方程为

$$y=5819.1x^{-0.909}，R^2=0.9976$$

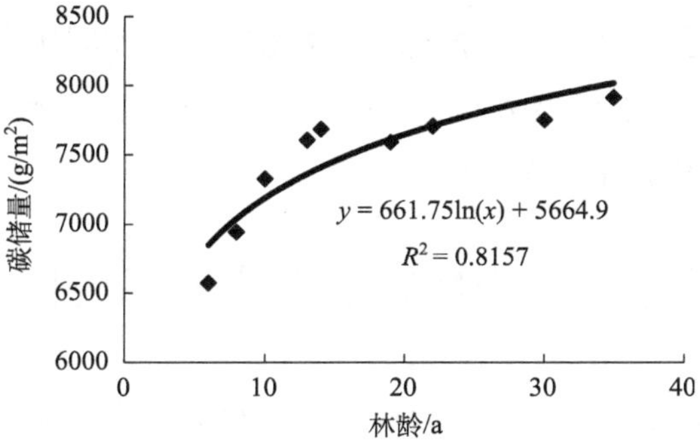

图 3.43　沙棘林分生态系统碳汇过程

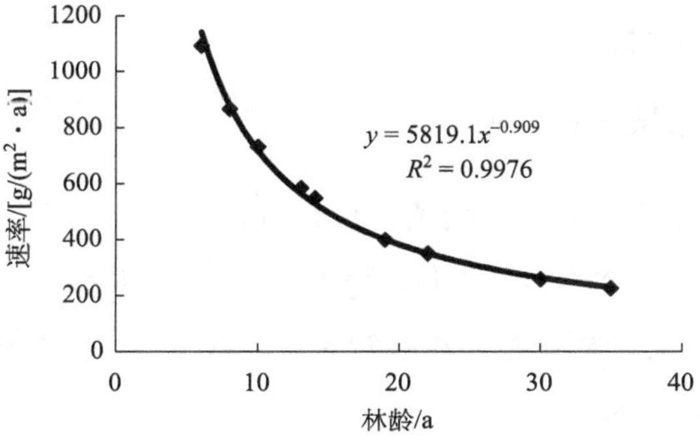

图 3.44　沙棘林分生态系统平均碳汇速率

3.6.5　沙棘林分生态系统固碳潜力

沙棘林分不同碳库固碳潜力见图 3.45。由图 3.45 可知，在当前气候条件和干扰强度下，在研究区种植沙棘林，各碳库固碳潜力分别为 1359.69g/m^2（植被层碳库）、70g/m^2（土壤层碳库）、94.04g/m^2（凋落物层碳库）及 1523.73g/m^2（生态系统碳

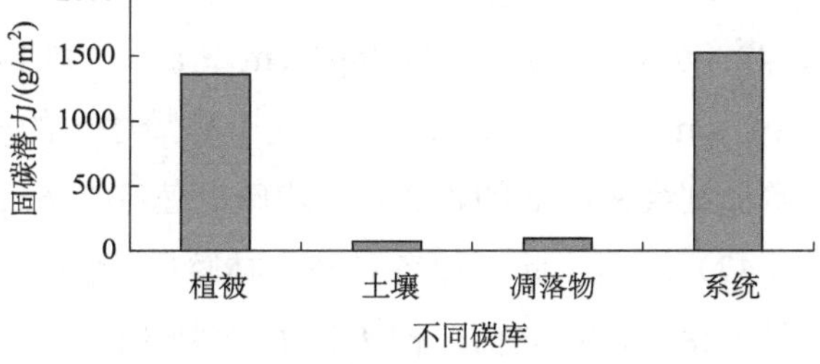

图 3.45　沙棘林分不同碳库固碳潜力

库）；其中，植被层碳库、土壤层碳库及凋落物层碳库固碳潜力分别占生态系统固碳潜力的 89.23%、4.59%及 6.17%（35a）。可见，从长远来说，林木植被碳库对于沙棘林生态系统碳增汇是可观的。

3.7　柠条林分碳库特征及生态系统固碳效应

柠条是锦鸡儿属植物栽培种的通称，为豆科灌木类植物，在黄土高原、河西走廊等地有较广泛分布，它具有较强的防风固沙和保持水土的能力，同时又是优质的灌木饲料资源，具有较高的生态经济价值，是我国北方农牧交错带具有较大推广应用价值的灌木树种。

3.7.1　柠条林分植被层固碳效应

柠条灌木层碳储量与林龄正相关，拟合方程为

$$y=197.37\ln(x)-55.169,\quad R^2=0.9488$$

如图 3.46 所示，灌木层碳储量变幅为 72.8～578.00g/m^2，平均为 373.82g/m^2。

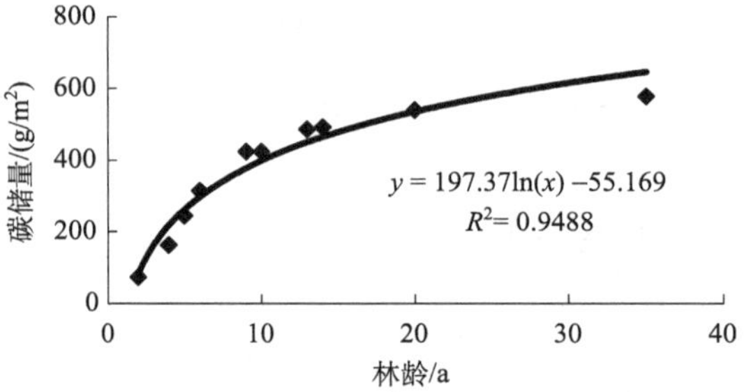

图 3.46　柠条林分林木固碳效应

柠条林分灌木层平均碳汇速率为 2a、4a、5a、6a、9a、10a、13a、14a、20a 及 35a 分别为 36.4g/（m^2·a）、40.6g/（m^2·a）、48.8g/（m^2·a）、52.5g/（m^2·a）、47.11g/（m^2·a）、42.4g/（m^2·a）、37.38g/（m^2·a）、35.14g/（m^2·a）、27 g/（m^2·a）及 16.51g/（m^2·a）（图 3.47）。整个林龄序列的林木平均碳汇速率经历了一个由快速增加到缓慢降低的趋势。平均碳汇速率在 6a 之前快速增加，6a 之后缓慢降低（图 3.47）。基于此，作者对整个林龄序列的柠条林木平均碳汇速率进行分段拟合（图 3.48）。6a 之前，柠条林木平均碳汇速率与林龄的变化曲线拟合方程为

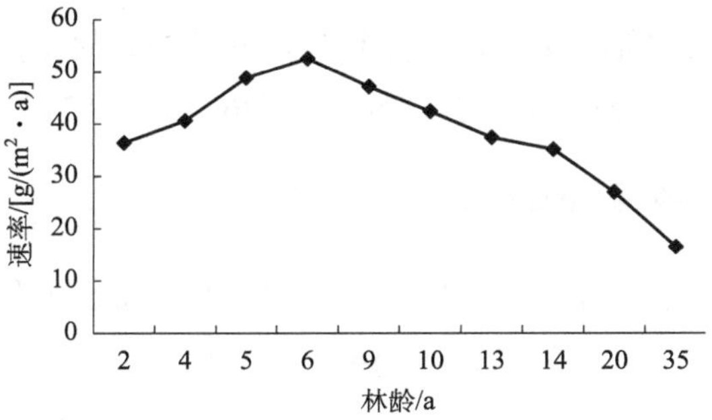

图 3.47　柠条林分灌木层平均碳汇速率

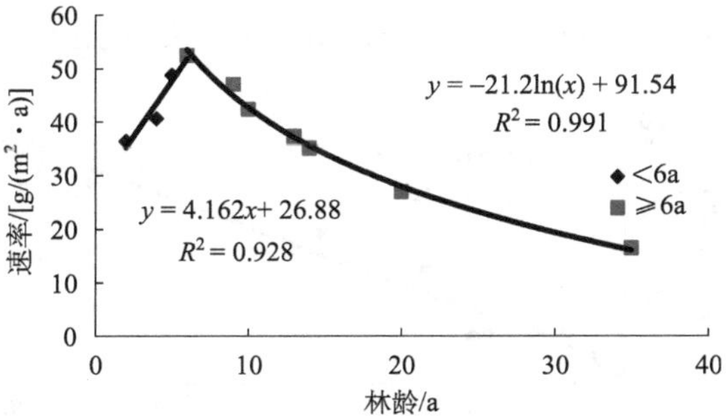

图 3.48　柠条林分灌木层平均碳汇速率分段拟合图

$$y=4.162x+26.88，R^2=0.928$$

6a 之后，拟合方程为

$$y=-21.2\ln(x)+91.54，R^2=0.991$$

以上分析同样说明，为使柠条林发挥其高效碳汇功能，当林龄大于 6a 时，应给予必要的抚育管理，如疏株间伐或者平茬等。

柠条林下草本层碳储量仅为 61.25～128.77g/m^2，平均为 94.61g/m^2（图 3.49）。

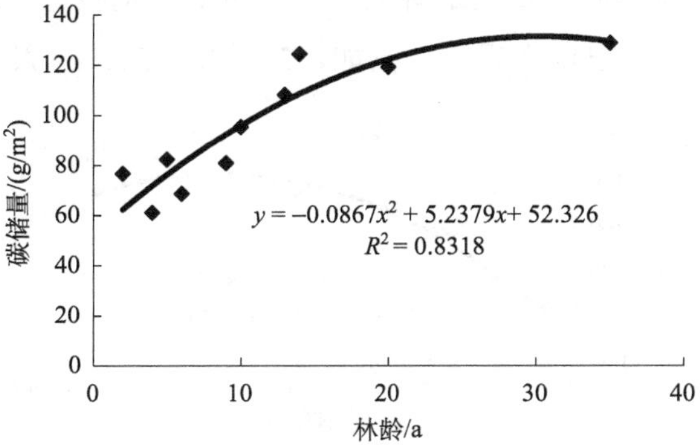

图 3.49　柠条林分草本层碳汇过程

随林龄增大，草本层碳储量呈缓慢增加趋势，林龄与碳储量关系的拟合方程为

$$y=-0.0867x^2+5.2379x+52.326，R^2=0.8318$$

3.7.2 柠条林分凋落物层固碳效应

柠条林分凋落物层碳储量与林龄呈正相关关系，拟合方程为

$$y=3.2523x+9.8471，R^2=0.9142$$

如图 3.50 所示，具体为 2a、4a、5a、6a、9a、10a、13a、14a、20a 及 35a 柠条林分凋落物层碳储量分别为 10.93g/m^2、27.75g/m^2、30.44g/m^2、27.01g/m^2、28.21g/m^2、27.65g/m^2、64.88g/m^2、62.31g/m^2、87.62g/m^2 及 115.44g/m^2。

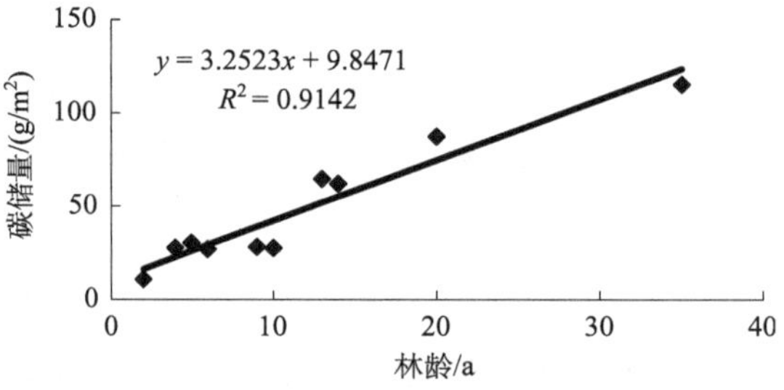

图 3.50　柠条林分凋落物层碳汇过程

3.7.3 柠条林分土壤层固碳效应

柠条林分土壤层碳储量与林龄的变化总体呈正相关关系，拟合方程为

$$y=-1.136x^2+58.929x+5685.5，R^2=0.9551$$

如图 3.51 所示，土壤层碳储量在造林初期，其值低于基线值，之后随林龄的增加呈缓慢增加趋势，最终出现净累积。例如，2a、4a、5a、6a 及 9a 林分土壤层碳

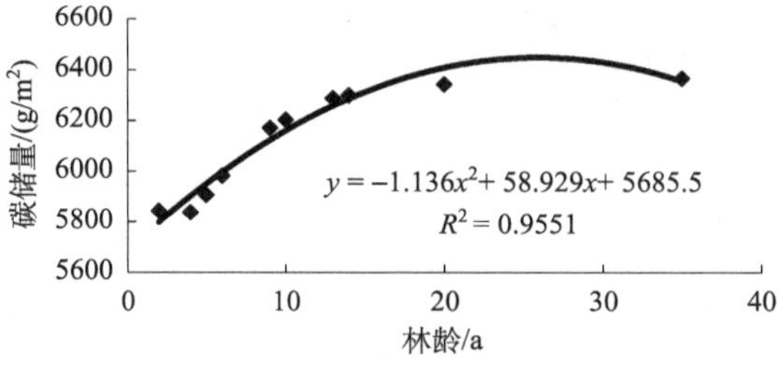

图 3.51　柠条林分土壤层碳汇过程

储量分别为 5844.6g/m^2、5838.77g/m^2、5907.86g/m^2、6171.4g/m^2 及 6204.11g/m^2。当林龄达 13a 时，才超越基线值，之后缓慢增加并出现净累积。

3.7.4　柠条林分生态系统固碳效应

不同柠条林龄序列生态系统碳汇过程及生态系统平均碳汇速率，见图 3.52 和图 3.53。生态系统碳汇过程变化趋势可用对数式来描述，拟合方程为

$$y=503.4\ln(x)+5542,\ R^2=0.931$$

其平均碳汇速率变化趋势可用乘幂式来描述，拟合方程为

$$y=5608x^{-0.9234},\ R^2=0.9995$$

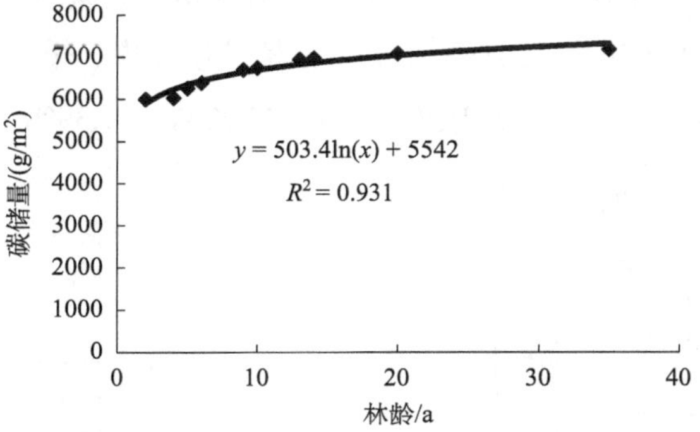

图 3.52　柠条林分生态系统碳汇过程

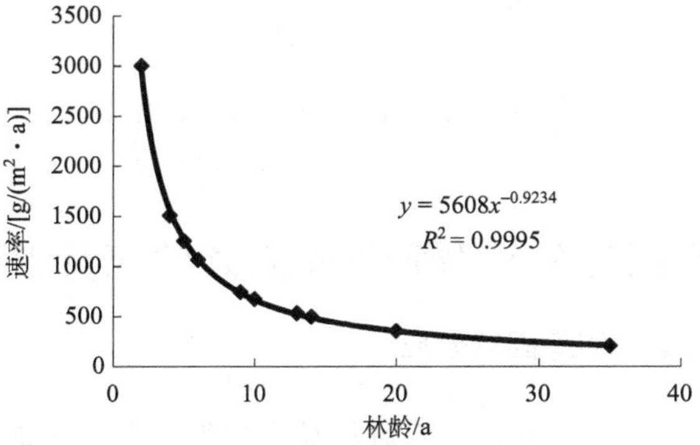

图 3.53　柠条林分生态系统平均碳汇速率

柠条林分生态系统碳汇过程具体表现为 2a、4a、5a、6a、9a、10a、13a、14a、20a 及 35a 分别为 6005.03g/m^2、6035.77g/m^2、6264.68g/m^2、6394.04g/m^2、

6704.57g/m^2、6751.17g/m^2、6947.86g/m^2、6979.12 g/m^2、7090.49g/m^2 及 7189.46g/m^2；平均碳汇速率表现为 2a、4a、5a、6a、9a、10a、13a、14a、20a 及 35a 分别为 3002.515 g/（m^2 • a）、1508.943g/（m^2 • a）、1252.936g/（m^2 • a）、1065.673g/（m^2 • a）、744.95g/（m^2 • a）、675.11g/（m^2 • a）、534.45g/（m^2 • a）、498.50g/（m^2 • a）、354.52g/（m^2 • a）及 205.41g/（m^2 • a）。

3.7.5　柠条林分生态系统固碳潜力

柠条林分不同碳库固碳潜力见图 3.54。由图 3.54 可知，在当前气候条件和干扰强度下，在研究区种植柠条林，不同碳库生态系统固碳潜力分别为植被层固碳潜力 637.11g/m^2，土壤层固碳潜力 91g/m^2，凋落物层固碳潜力 71.01g/m^2 及生态系统总固碳潜力 799.09g/m^2（35a）。其中，植被层碳库、土壤层碳库及凋落物层碳库固碳潜力分别占生态系统总碳库增汇的 79.72%、11.39%及 8.89%。

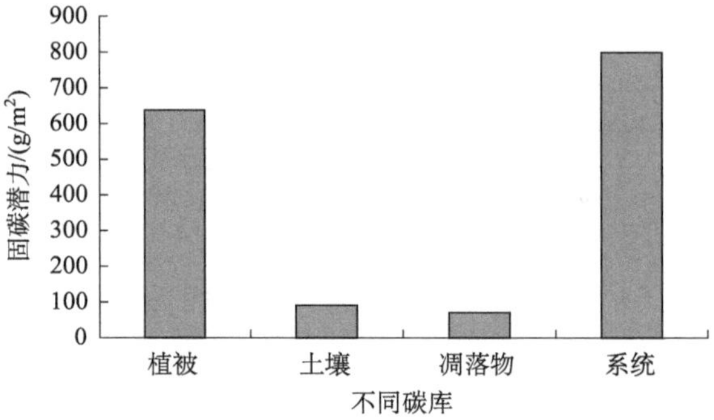

图 3.54　柠条林分不同碳库固碳潜力

3.8　不同林分类型各碳库固碳效应及固碳潜力

3.8.1　不同林分类型各碳库固碳效应

通过分析及计算得出，小流域森林植被类型生态系统碳储量为 1.19×10^{8}kg，其中防护林主要林分类型生态系统总碳储量为 1.03×10^{8}kg（表 3.5）。

实测与相关模型相结合，对黄花甸子小流域防护林主要树种长期固碳效应进行分析研究（图 3.55）。

表 3.5　小流域防护林主要林分类型生态系统现状碳储量

林分类型	不同林龄碳储量/kg					合计/kg
	幼龄林	中龄林	近熟林	成熟林	过熟林	
杨树	1.14×10^{7}	9.85×10^{6}	1.86×10^{7}	2.56×10^{7}	—	6.55×10^{7}
油松	1.19×10^{6}	1.89×10^{6}	2.57×10^{6}	7.54×10^{5}	—	6.4×10^{6}
榆树	1.5×10^{6}	5.7×10^{5}	2.17×10^{6}	1.56×10^{6}	—	5.8×10^{6}
山杏		8.64×10^{6}（<10a）		8.15×10^{6}（>10a）		1.68×10^{7}
沙棘		8.06×10^{5}（<10a）		1.35×10^{6}（>10a）		2.16×10^{6}
柠条		2.26×10^{5}（<6a）		6.04×10^{6}（>6a）		6.27×10^{6}
其他		6.23×10^{6}				6.23×10^{6}
合计						1.19×10^{8}

注：“其他”指小流域内非主要林分类型的生态系统碳储量均值。“—”表示无该种林。

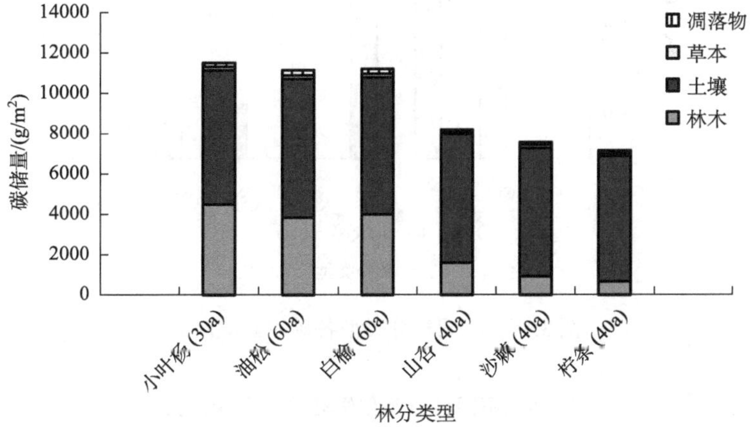

图 3.55　不同林分类型各碳库固碳效应

通过对以上主要树种的长期碳储量分析可知，乔木层碳储量>亚乔木层碳储量>灌木层碳储量。土壤层碳库表现为乔木林碳储量>亚乔木林碳储量>灌木林碳储量；凋落物层碳库为乔木林>灌木林>亚乔木林。以上分析说明，乔木林表现出较明显的固碳优势。

3.8.2　不同林分类型各碳库固碳潜力

实测与所建模型相结合，对黄花甸子小流域防护林主要树种长期固碳潜力进行分析。6 种主要树种的长期固碳潜力为：植被层的乔木林>亚乔木林>灌木林；0～100cm 土层土壤碳库固碳潜力为乔木林>亚乔木林>灌木林；凋落物层固碳潜力为乔木林>灌木林>亚乔木林；生态系统固碳潜力为乔木林>亚乔木林>灌木林（图 3.56）。各碳库固碳潜力大小具体表现为植被碳库：小叶杨林>白榆林>油松林>山杏林>沙棘林>柠条林；土壤层碳库：油松林>白榆林>小叶杨林>山杏林>沙棘林>柠条林；凋落物层碳库：油松林>白榆林>小叶杨林>柠条林>沙棘林>山杏林；生态系统碳库：小叶杨林>白榆林>油松林>山杏林>沙棘林>柠条林（图 3.56）。以上分析说明，在固碳能力或固碳潜力方面，乔木树种均表现出其固碳优势性。以成熟林为参照，小流域防护林主要植被类型的固碳潜力为 4.48×10^7kg（表 3.6）。

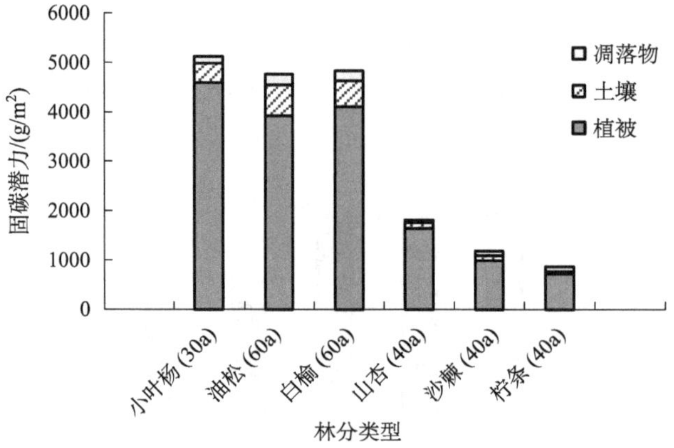

图 3.56　不同林分类型各碳库固碳潜力

表 3.6　不同林分类型生态系统固碳潜力

林分类型	林龄/a	生态系统固碳潜力/kg
杨树	30	3.35×10^7
油松	60	3.19×10^6
白榆	60	2.9×10^6
山杏	40	4.16×10^6
沙棘	40	3.32×10^5
柠条	40	6.78×10^5
合计		4.48×10^7

3.8.3　小流域主要林分类型不同碳库对生态系统碳增汇的贡献

以成熟林为参照，分析不同林分类型的分碳库对生态系统碳增汇的贡献大小，总体表现为：乔灌层碳库对生态系统的碳增汇贡献率最大，其次为土壤层碳库、凋落物层碳库和草本层碳库（图 3.57～图 3.60）；不同林型不尽相同，乔木林、亚乔木林总体特征基本一致，而灌木林凋落物层的贡献率高于土壤层碳库。

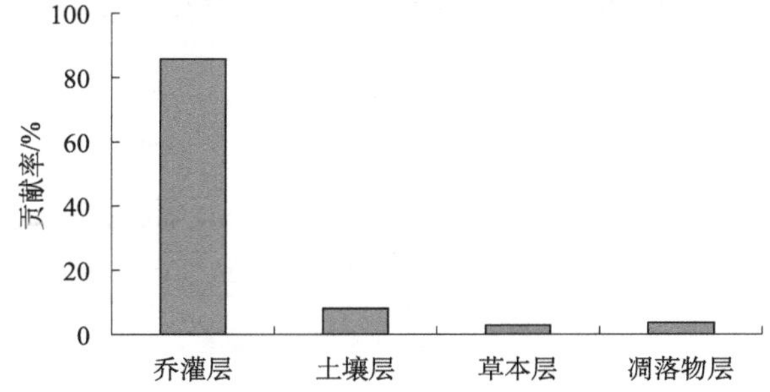

图 3.57　林分碳汇过程总体特征图

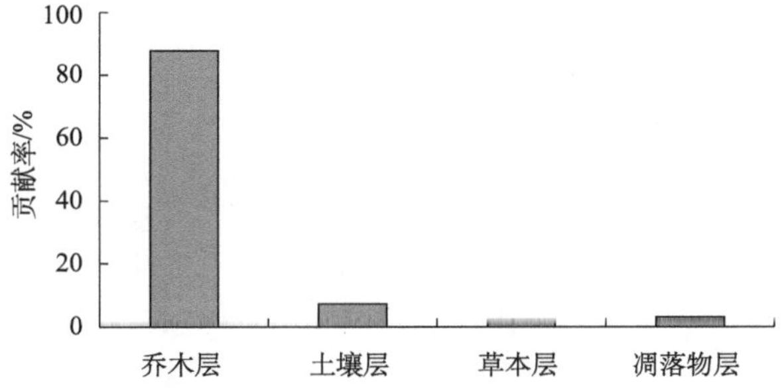

图 3.58　乔木林林分碳汇过程总体特征图

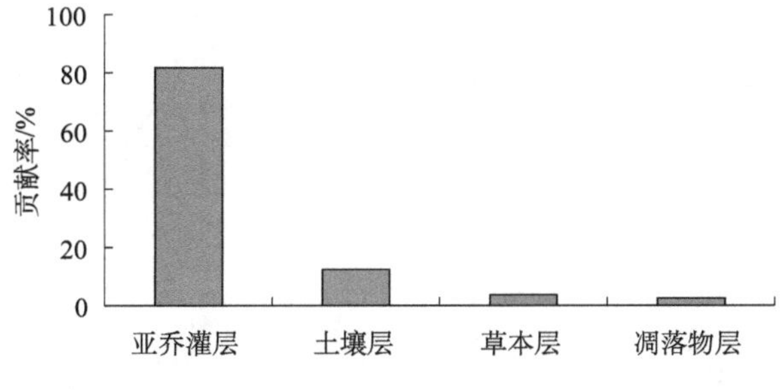

图 3.59　亚乔木林林分碳汇过程总体特征图

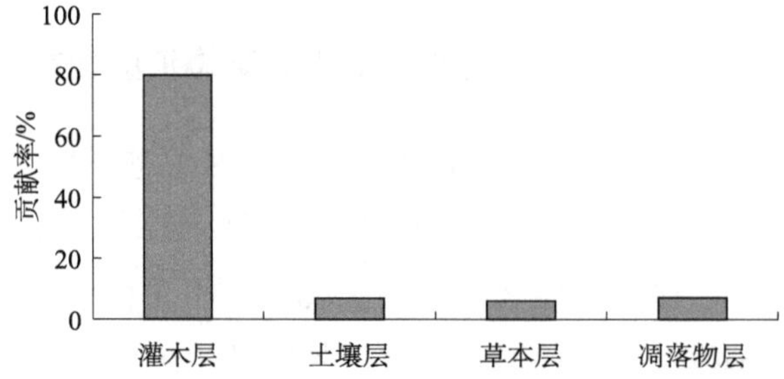

图 3.60　灌木林林分碳汇过程总体特征图

第 4 章　小流域主要林分类型林木生长因子与林木碳汇功能关系

结构性原则是系统方法的基本原则之一，不同的结构决定不同的功能。系统的结构普遍且有层次地存在于事物之中，要认识事物的性质就必须先要了解事物的结构。结构是指系统内部各个组成要素之间，在时空尺度上有机联系与相互作用的方式与顺序，由于事物内部排列组合的不同而引起质变，是一切事物符合规律的现象。要正确地决策必须掌握事物的结构性，使系统处于最佳状态。森林群落作为一个复杂的系统，同样遵循结构性原则。

林分结构因子一般包括树种、树龄、树高、直径及个体分布等。林分结构包含林分所有的信息，通过对林分进行调查，从而获得林分的各种信息，可以为森林的科学合理经营提供一定依据。同时，林分的结构好坏体现在林分的功能强弱方面。反之，林分功能的强弱又可以折射出林分结构的合理性。追求科学合理的林分结构，使之发挥强大的功能，是森林经营管理工作的重要任务。这就要对结构不合理的林分进行调整，使之成为结构合理、稳定、功能协调、持续发展的森林生态系统。

使用与距离有关的量化指标是描述林分结构的一种较方便的方法，现在多用干扰指数来描述林分结构。为使森林生态系统向结构稳定、健康发展、高碳汇功能方向发展，对黄花甸子小流域防护林主要林分类型从邻体干扰指数与林分结构因子相互作用角度出发，从主要树种个体间相互作用距离的定量化研究入手，确定基于林分高碳汇功能的合理林分结构。因为，干扰指数可以不考虑林分内树种的差异，仅与树木大小及与相邻林木的距离有关，使问题简单化；再者，防护林在黄花甸子小流域占有较大的比重，其林分结构较单一，林分层次较明显，量化起来较方便。分析防护林林分结构与其碳汇功能关系，基于竞争理论提出林分结构优化方法，为进一步探讨小流域防护林空间生长竞争规律，制定合理的栽培密度及相应的配套措施，进一步发挥防护林在研究区的生态防护功能，以及对提高研究区防护林碳汇功能水平具有重要指导意义。

4.1　小流域主要林分类型林木生长因子与林木碳汇功能关系研究方法

选择小流域内林龄相同、密度不同、生境条件相似的代表树种的主要林分类型，主要有小叶杨纯林、油松纯林、白榆纯林、山杏纯林及油松山杏混交林。设立标准地，分别测定各标准地内基株及邻体的胸径（地径）、树高、冠幅，并伐倒部分基株用于基株生物量碳的测定，进一步分析其林分结构与碳汇功能关系。

1）基株及邻体的概念

在研究中，通常把对象木叫做基株，基株周围所有对基株生长产生影响的植物个体叫做邻体，如图 4.1 所示。

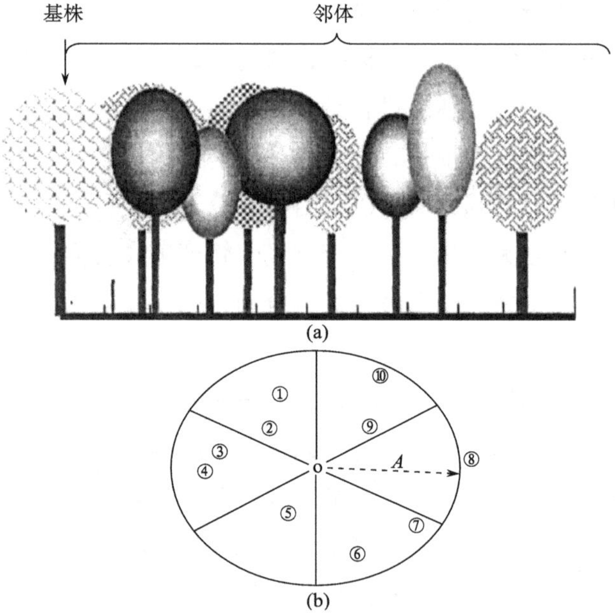

图 4.1　基株与邻体示意图

以基株为圆心，以林分最大优势木的树冠直径为半径画圆，将圆等分为 n 个象限，象限的多少与求得的干扰指数的精度有关，如果象限太多，则会增加外业难度，而且无形中也降低了调查数据的可信度，一般学者将圆分为 4 个象限或者 6 个象限。其中，位于圆中心的林木为基株，各象限中的林木为邻体，即①、②、

③、④、⑤、⑥、⑦、⑨及⑩为邻体，因⑧位于圆外，不作为邻体[图 4.1（b）]。

2）邻体干扰指数

邻体干扰指数采用宁金魁等（2003）的邻体干扰模型计算得到，模型如下：

$$I_i = \frac{1}{n}\sum_{j=1}^{n} D_{ij}^2 H_{ij} D_i^{-2} H_i^{-1} L_{ij}^{-1} \cdot A_i, \quad i=1,2,3,\ \cdots;\ j=1,2,3,4,5,6 \tag{4.1}$$

式中，I_i为第 i 株基株的干扰指数，即邻体对基株的干扰程度，也就是基株受邻体的干扰程度；D_i为第 i 株基株的胸径；H_i为第 i 株基株的树高；D_{ij}为第 i 株基株周围的第 j 株邻体的胸径；H_{ij}为第 i 株周围的第 j 株邻体的树高；A_i为第 i 株基株的冠幅；L_{ij}为第 j 株邻体与第 i 株基株间的距离；n 为选择邻体的象限数，分析取 n=6。基株的干扰指数是各个象限邻体干扰效应的平均值。它表示林木在林分中所处相对地位的数量指标。

3）灰色关联分析

灰色关联分析法的基本思路是：根据各比较数列集构成的曲线族与参考数列构成的曲线之间的几何相似程度，来确定比较数列集与参考数列构成曲线的几何形状相似程度，曲线越接近，相应序列之间关联度就越大，反之就越小。

参考数列设为 $Y0(k)$，比较数列 $Yi(k)$，i=1，2，3，…，m，序列长为 N，关联分析主要为确定 $Yi(k)$与 $Y0(k)$之间的相关度。计算方法见文献。

4）多目标求解

本节（本书）关于多目标求解时，采用遗传算法，且在 Matlab7.0 软件下实现。因为遗传算法不要求问题具有线性、凸性等条件，对不同类型的方程求解时具有明显的优势。

5）数据处理

本节数据处理主要用到 SPSS、Excel、DPS 及 Matlab 软件。

4.2　小流域防护林邻体干扰模型的建立

每个林木个体都会面临与邻体的竞争，并与邻体形成小规模的分布格局，之后又在大尺度上复合形成大规模的空间分布格局。林木受到相邻林木的干扰即邻体干扰，使其有利于或者不利于林木的生长，反映林分内林木之间的一种相互作用的关系，可作为林分结构的一种量化指标，而体现邻体干扰程度则要用到邻体干扰模型。邻体干扰的内涵并非是指林木和林分内所有个体争夺资源，而是与周围一定范围内的植株相互竞争，所以邻体干扰指数模型是林分内个体之间与距离有关的一种竞争模型，是林分空间模型的一种，表达相邻个体间大小与距离的信息，林木个体间竞争力的大小与它们之间的距离是分不开的。

一般认为，林木的大小与树冠结构对林木的生长有重要的影响。在计算干扰指数时要综合考虑到林木的胸径、树高和树冠，从而使各基株的干扰指数计算结果更具代表性，更能说明实际问题。

采用宁金魁的邻体干扰模型进行分析研究。人工林个体间关系主要是生境资源的竞争，干扰的含义明确，无须考虑相互作用的正、负效应；邻体对基株的影响与邻体的大小成正比，与基株的大小和邻体到基株间的距离成反比；林木相关生长规律研究表明：林木各器官及林分生产力与林木的 D_2H 紧密相关，在邻体干扰研究中可用来表示基株、邻体的相对大小；人工林个体间的竞争（或干扰）主要表现在林冠郁闭以后，林中最大优势木同其他的林木相比受邻体干扰最小，树冠发育最充分；若相邻两株林木间的距离大于最大优势木的树冠直径，则认为这两株林木互不干扰；基株周围的林木很多，主要受离基株最近的邻体影响。

人工林的空间结构影响林分生物量碳汇水平。研究表明，林分的空间结构和配置对整体生态功能起着决定性作用。树种的空间分布对种群的生长存在极大的影响，进而导致林分碳汇水平的差异。国内利用邻体干扰模型指导营林的研究多见报道，但基于邻体干扰理论去研究林分碳汇功能的研究还鲜见报道。因此，作者运用邻体干扰理论去分析林木竞争水平与林木碳汇功能关系，为小流域防护林林分结构优化提供依据，为提高林分碳汇功能提供指导依据。

4.3　林木干扰指数与林木生长的关系

4.3.1　主要林分类型标准地概况

以第 4 章分析为基础，选择小流域内生境条件基本相同、林龄相同、密度不同、较具代表性及近（成）熟林的主要林分类型，分析其林分结构与林木碳汇功能关系。标准地概况见表 4.1。

表 4.1　主要林分类型标准地基本情况

林分类型	标准地编号	郁闭度	优势木平均 A /m	平均 D /cm	平均 H /m	现存密度 /（株/m^2）	土壤厚度/cm	海拔/m	坡度/坡向	林龄/a
小叶杨	1	0.8	4.4×4	20.9	5.7	0.04	>100	662	4° /SW	22
	2	0.7	4.1×3.7	19.4	6.4	0.05	>100	669	5° / W	22
油松	1	0.8	3.7×3.8	15.5	4.7	0.19	>100	662	4° /SW	31
	2	0.7	3.4×3.4	13.1	5.2	0.22	>100	669	8° / W	31
白榆	1	0.8	4.1×3.4	11.5	5.1	0.09	>100	662	3° /SW	35
	2	0.6	4.3×3.9	18.6	5	0.05	>100	669	3° / W	35
山杏	1	0.7	2.6×2.4	14.7	2.1	0.25	>100	669	8° / W	23
	2	0.8	2.9×2.7	15.8	2.3	0.14	>100	662	6° /SW	23
混交林	油松	0.8	3.0×2.6	21	4.5	0.06	>100	766	8° / W	25
	山杏	0.6	3.4×3.4	20	2.5	0.04	>100	766	4° /SW	25

注：A、D、H/D 及 S 分别表示冠幅、胸径（地径）、高径比及生境利用率。

4.3.2　主要林分类型基株干扰指数与胸径的关系

各标准地基株干扰指数与胸径的关系为负相关（图 4.2～图 4.6），即基株胸径随干扰指数的增大而减小。

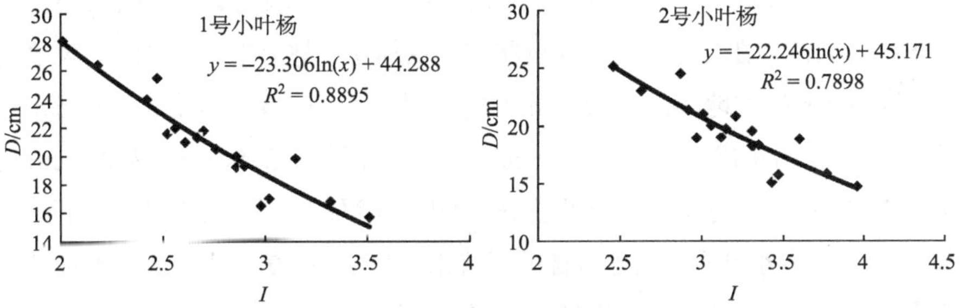

图 4.2　小叶杨标准地基株干扰指数与胸径的关系

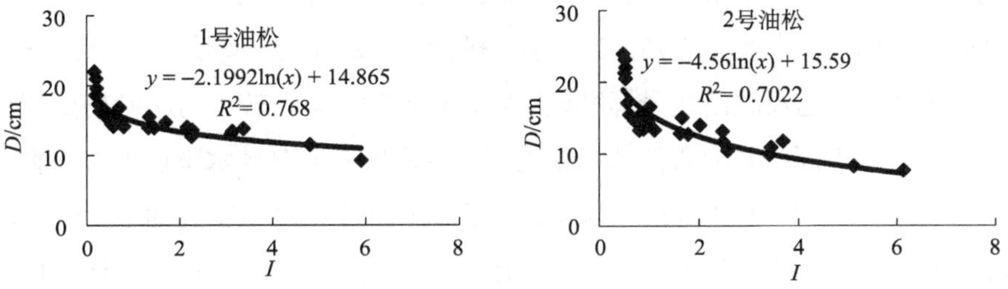

图 4.3　油松标准地基株干扰指数与胸径的关系

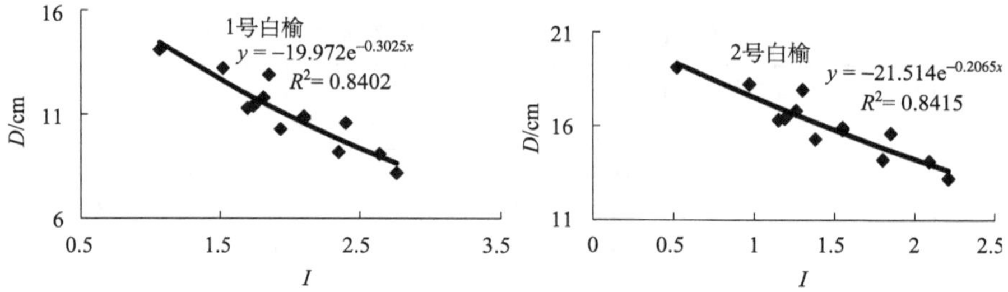

图 4.4　白榆标准地基株干扰指数与胸径的关系

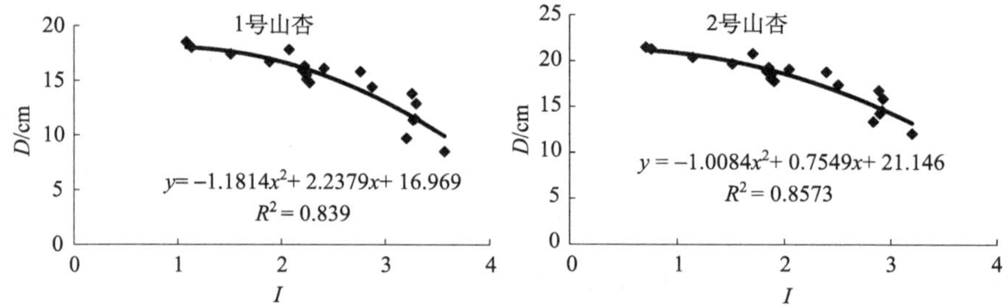

图 4.5　山杏标准地基株干扰指数与胸径的关系

不同胸径的林木在林中所受的干扰程度不同，优势木受邻体的干扰较小，小径木受邻体干扰较大，且在林分中处于受压状态，这体现了林分中优胜劣汰的竞争现象。例如，1 号小叶杨标准地胸径为 15.7cm 时，干扰指数为 3.51，胸径为 28.1cm 时，干扰指数为 2.01；2 号标准地胸径为 14.7cm 时，干扰指数为 3.95，胸径为 25.1cm 时，干扰指数为 2.45。对于不同标准地、相同胸径的基株所受的干扰程度也不尽相同，例如，胸径为 20cm，1 号小叶杨标准地基株的干扰指数为 2.77，2 号小叶杨标准地基株的干扰指数则为 3.05。2 号小叶杨标准地基株平均胸径小于 1 号小叶杨标准地，而干扰指数的均值大于 1 号小叶杨标准地，具体表现为：1 号小叶杨标准地基株的平均胸径为 20.9cm，平均干扰指数为 2.75；2 号小叶杨标准地基株的平均胸径为 19.4cm，平均干扰指数为 3.19，这反映出 2 号标准地小叶杨林木间的竞争较 1 号小叶杨要剧烈。两块标准地除密度不同，其他条件基本相同，说明密度效应对林木胸径生长的影响较大。当林分密度较大时，林木间的干扰明显，且胸径较小的林木受到的干扰较大，反映出林木较强的自疏能力。以上分析也可以用经典理论加以说明，在林木林龄相同或相近时，林分密度的大小是影响林分直径的主要因素，并表现出一定的总体规律。

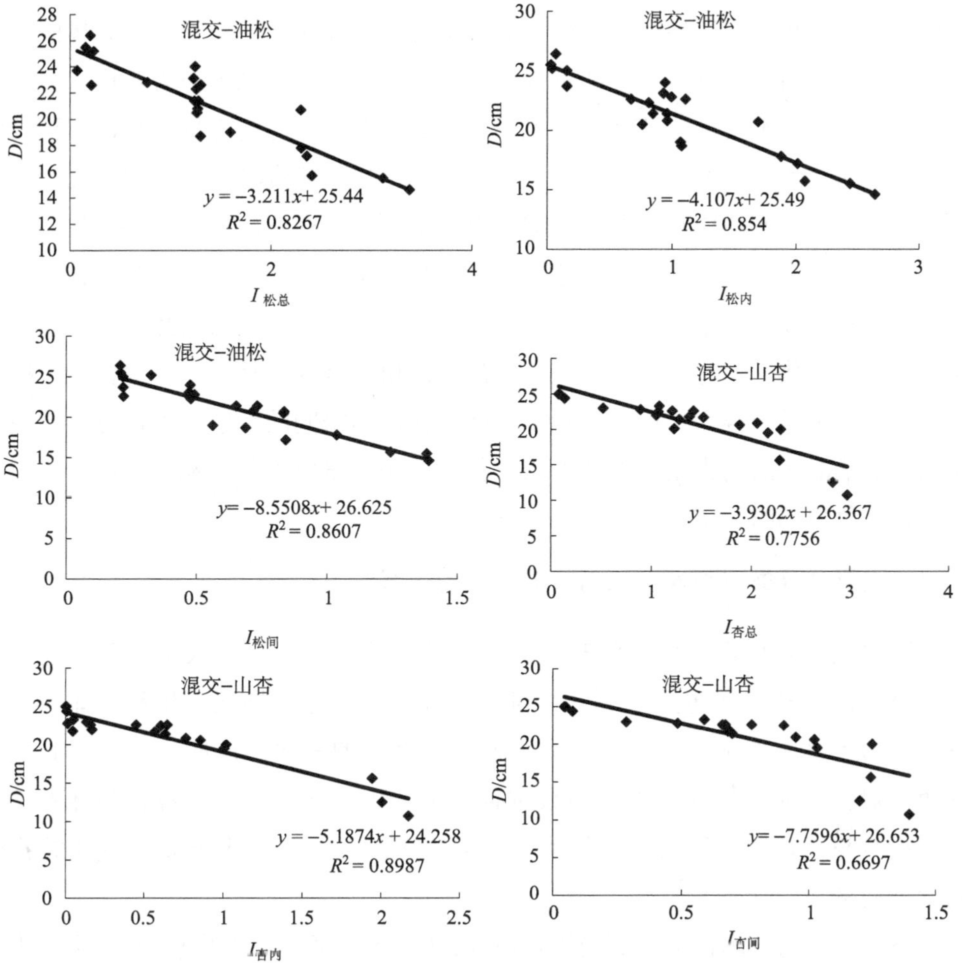

图 4.6　油松山杏混交林标准地基株干扰指数与胸径的关系

以上规律同样存在于油松、白榆及山杏纯林林分中，均表现出：林分密度越大，林木受干扰程度也越大，且林木胸径较小时，个体分化明显。所要强调的是，油松山杏混交林基株干扰指数与胸径之间的关系。

林木之间的相互干扰，若发生在种内则被称为种内干扰，若发生在种间则被称为种间干扰，种内干扰和种间干扰共同产生的效应称为总干扰。

由邻体干扰模型计算油松山杏混交林基株干扰指数（总干扰指数 $I_{总}$、种内干扰指数 $I_{内}$及种间干扰指数 $I_{间}$），其与胸径之间的关系见图 4.6。分别以油松和山杏为基株计算邻体干扰指数，结果表明，群落中油松和山杏所受到的种间、种内干扰程度不尽相同。以油松为基株计算的干扰指数表明，油松受山杏邻体的干扰较小，而受种内的干扰较大，即种内竞争大于种间竞争；以山杏为基株计算的干扰指数表明，山杏受油松邻体的干扰较大，而受本身种内的干扰较小，即种内竞争小于种间竞争。个体间的竞争使不同大小的个体处于资源不同利用等级，山杏处于被压状态，而油松在群落中占据一定的资源利用空间，处于优势地位。油松山杏混交群落中，各自为了争夺适宜自身生长的资源空间，形成强烈的种内、种间竞争关系，较大的个体受邻体干扰程度小，生长速度呈加快趋势，这加速了个体大小级的分化，使林相参差不齐。此外，油松山杏混交林中，以油松为基株的总竞争略大于以山杏为基株的总竞争，两者又以油松间的竞争较大，进一步说明该人工群落演替的动力是山杏和油松个体对资源竞争所引起的他疏作用，以及油松种内竞争引起的自疏作用。

4.3.3 主要林分类型基株干扰指数与冠幅的关系

冠幅大小是林木营养空间和生长空间的具体表现，一般来讲，冠幅越大反映出林木的生长空间越大，即植物对于养分的竞争能力越强。相邻个体间的竞争，使得各林木在大小、形态等方面发生了明显的变化和反应。为揭示其变化规律，对树冠冠幅与邻体干扰指数进行相关分析，结果显示，各林分林木基株干扰指数与冠福之间呈负相关关系（图 4.7～图 4.11），即基株冠幅随干扰指数的增大而减小。

不同冠幅的林木在林中所受干扰不同，优势木受邻体的干扰较小，冠幅较大，被压木受邻体的干扰较大，冠幅较小。例如，1 号小叶杨标准地基株冠幅为 2.3m 时，干扰指数为 3.51，冠幅为 4.4m 时，干扰指数为 2.01；2 号小叶杨标准地基株冠幅为 2.7m 时，干扰指数为 3.95，冠幅为 3.8m 时，干扰指数为 2.86。对于不同标准地相同冠幅的基株所受的干扰程度也不尽相同，例如，冠幅为 3.6m，1 号小叶杨标准地基株的干扰指数为 2.52，2 号小叶杨基株的干扰指数为 3.05。2 号小叶杨标准地基株平均冠幅小于 1 号小叶杨标准地，而干扰指数的均值大于 1 号小叶杨标准地，具体表现为：1 号小叶杨标准地基株的平均冠幅为 3.34m，平均干扰指数为 2.77；2 号小叶杨标准地基株的平均冠幅为 3.25m，平均干扰指数为 3.05，这反映出 2 号标准地小叶杨林木间的竞争较 1 号小叶杨要剧烈。油松、白榆及山杏

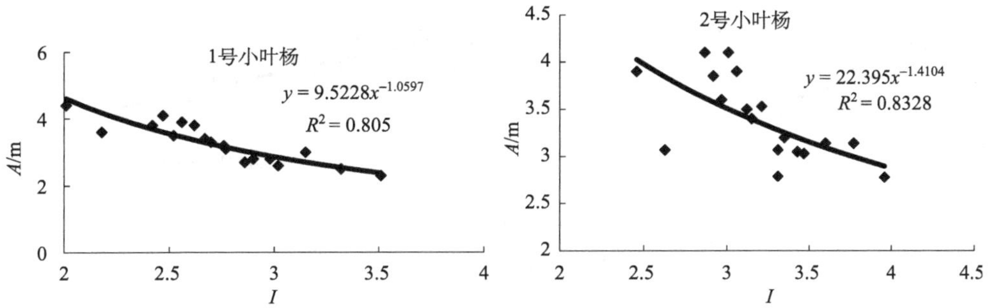

图 4.7　小叶杨标准地基株干扰指数与冠幅的关系

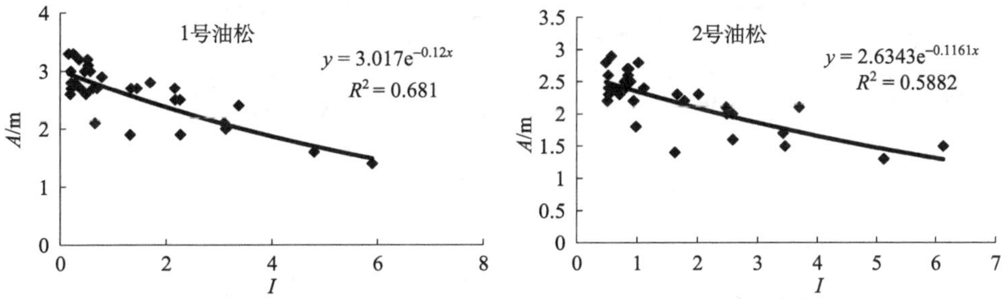

图 4.8　油松标准地基株干扰指数与冠幅的关系

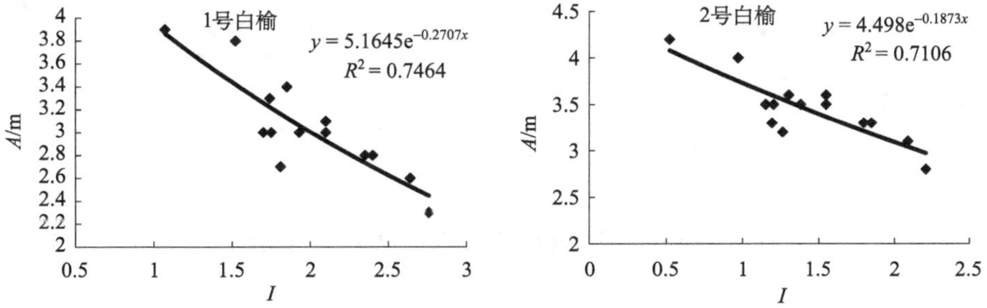

图 4.9　白榆标准地基株干扰指数与冠幅的关系

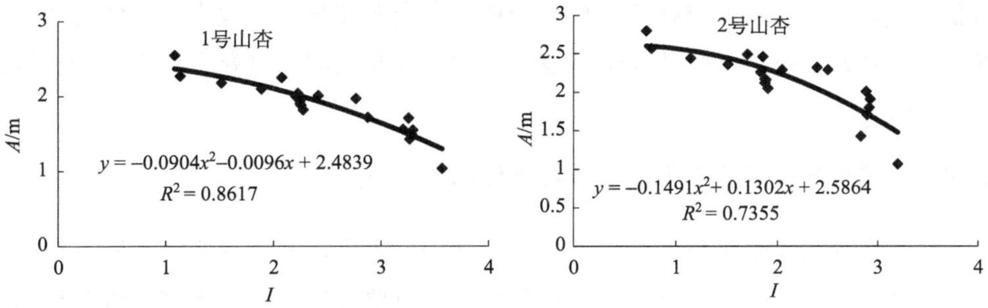

图 4.10　山杏标准地基株干扰指数与冠幅的关系

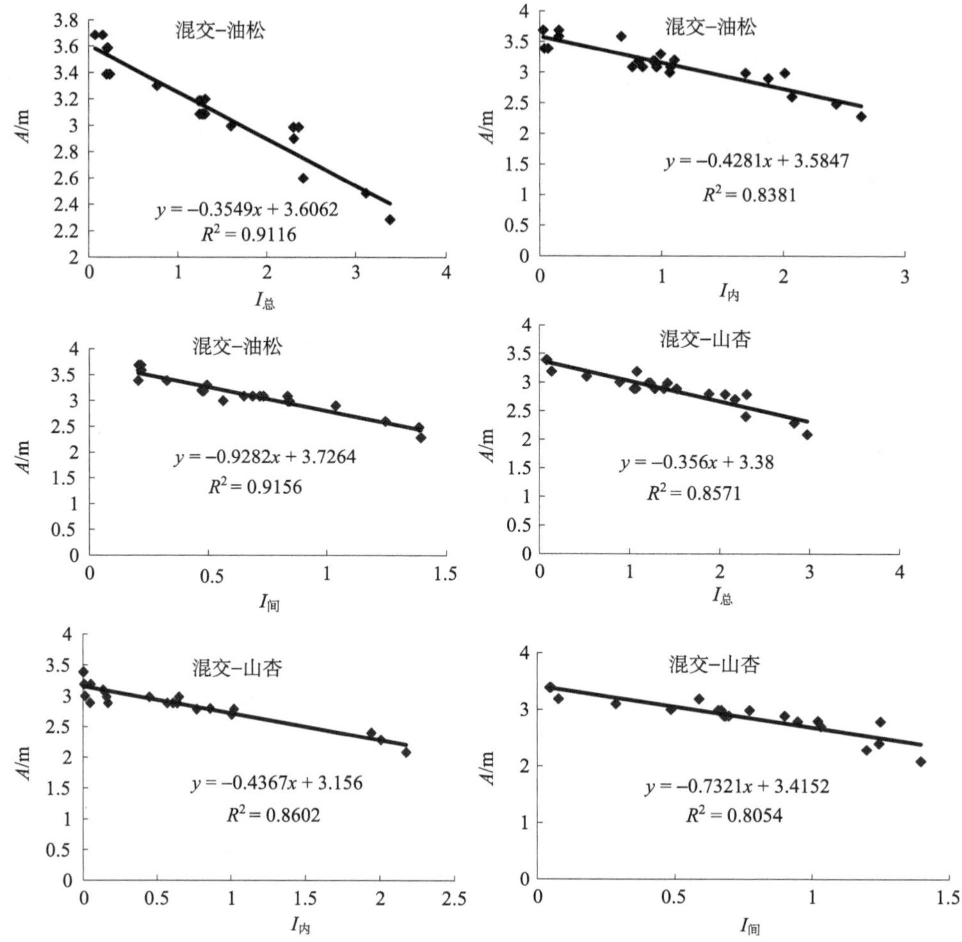

图 4.11　油松山杏混交林标准地基株干扰指数与冠幅的关系

纯林林分的基株也表现出类似的规律，分析同样可知，密度效应对林木冠幅生长的影响较大。密度较大的林分，林木个体所占资源和空间均较少，个体之间的干扰较大，且林木越小，受邻体干扰越大，在资源和空间的争夺中处于劣势，越容易被淘汰。

4.3.4　主要林分类型基株干扰指数与高径比的关系

林木高径比反映了林木个体及其干形圆满度大小，间接说明林木所占空间的大小。高径比通常是表示林木主干形质优劣的重要指标。高径比越大说明林木的高增长速度大于胸径增长速度，反之，高径比越小，林木的高增长速度小于胸径增长速度。基株干扰指数与高径比之间也存在一定关系（图 4.12～图 4.14）。由图可知，林木基株的高径比与干扰指数正相关，即高径比随干扰指数的增大而增大。不同高径比的林木在林中所受的干扰程度不同，例如，1 号小叶杨标准地高径比为 28.46 时，干扰指数为 3.51，而高径比为 15.57cm 时，干扰指数为 2.01；2 号标准地高径比为 41 时，干扰指数为 3.95，而高径比为 24.79 时，干扰指数为 2.45。1 号小叶杨标准地基株的高径比均值为 22，平均干扰指数为 2.77；2 号小叶杨标准地基株的高径比均值为 36，平均干扰指数为 3.05。2 号小叶杨标准地林木竞争相对激烈，基株的高增长速度大于胸径增长速度。对于密度较大的林分，由于资源竞争关系，密度制约了胸径的横向生长，林木只有通过高生长为自己争夺更多的光资源。油松、白榆纯林林分也表现出类似的规律，不再重述。以上研究同样反映了密度对林木生长的重要影响。密度较大的林分，林木对资源的竞争激烈，林木长势通直圆满、节小而少、材质优良。

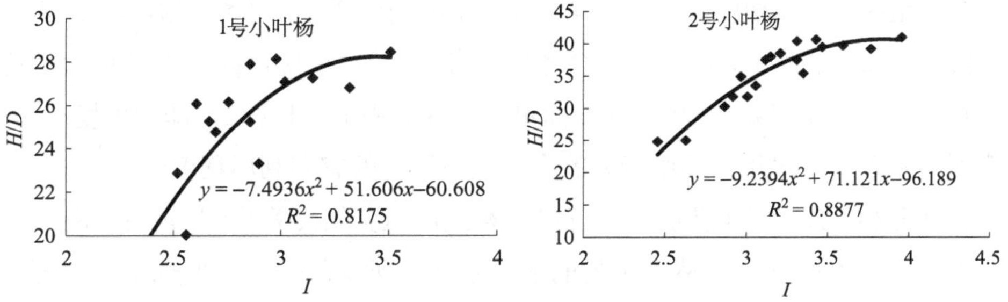

图 4.12　小叶杨标准地基株干扰指数与高径比的关系

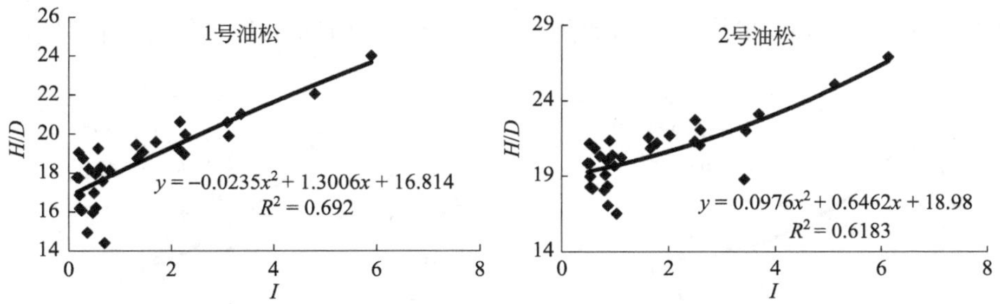

图 4.13　油松标准地基株干扰指数与高径比的关系

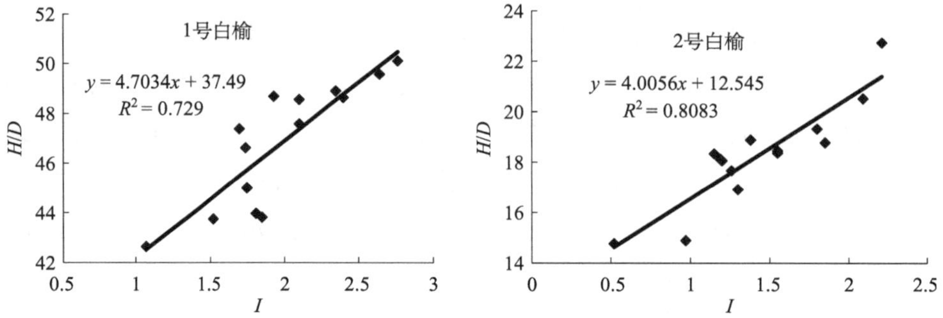

图 4.14　白榆标准地基株干扰指数与高径比的关系

4.3.5　主要林分类型基株干扰指数与生境利用率的关系

生境利用生产效率简称生境利用率(即所谓的生境资源),它的评价指标很多,多以材积的大小衡量生境利用率的大小,因为材积是胸径、树高和冠幅的综合表现,一般材积越大,生境利用率越高。本研究中生境利用率是指单位冠幅营养面积上的材积量。在森林群落中,每个林木个体均占有一定的空间和面积,林木的冠幅可以反映其占有空间和营养面积的大小,而单位营养面积上的材积量,即为生境利用率。生境利用率表示林木利用环境能力的大小及对资源的空间利用程度。

各林分林木基株生境利用率与干扰指数之间呈负相关关系(图 4.15～图 4.17)。不同生境利用率的林木在林中所处的地位各异,所受的干扰程度也不尽相同。例如,1 号小叶杨标准地基株生境利用率为 $0.0104～0.0343m^3/m^2$,平均为 $0.0166m^3/m^2$,平均干扰指数为 2.77;2 号小叶杨生境利用率为 $0.0051～0.0241m^3/m^2$,平均为 $0.0133m^3/m^2$,平均干扰指数为 3.05。2 号小叶杨标准地林分密度相对较大,

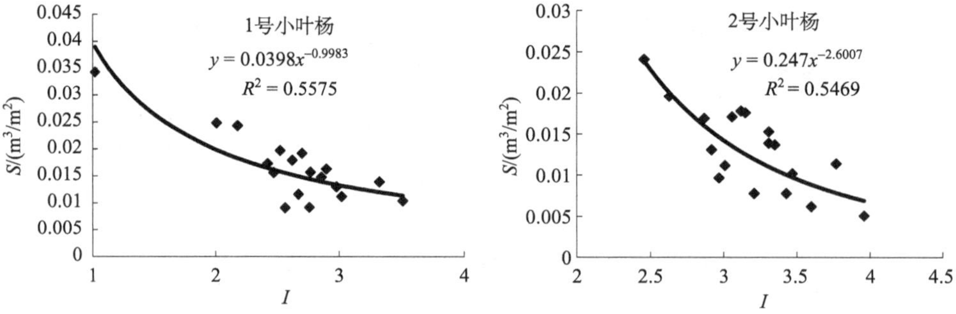

图 4.15　小叶杨标准地基株干扰指数与生境利用率的关系

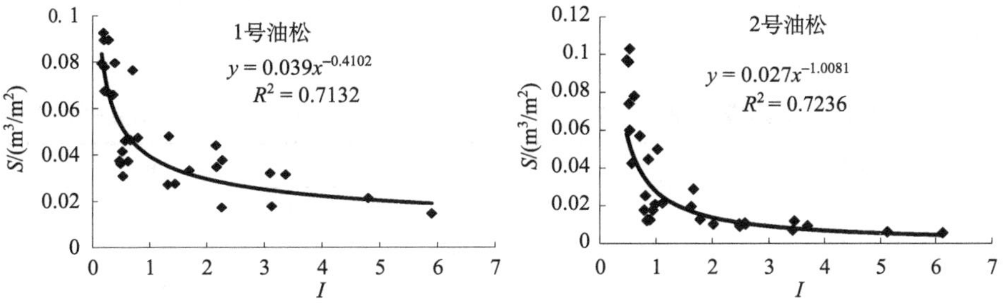

图 4.16　油松标准地基株干扰指数与生境利用率的关系

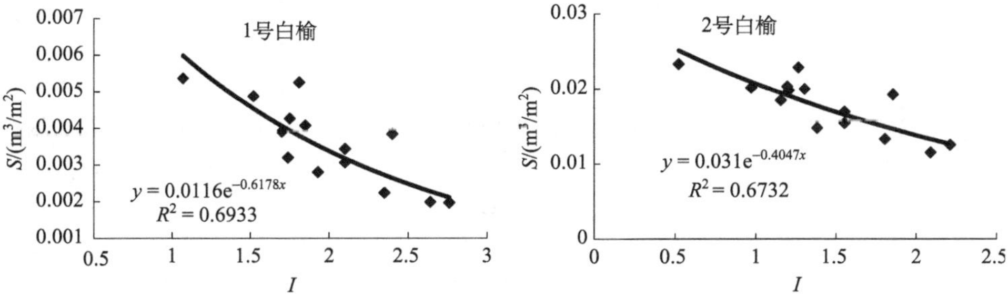

图 4.17　白榆标准地基株干扰指数与生境利用率的关系

导致林木对资源争夺强烈，林木个体在资源和空间的争夺中相对处于劣势，且林木个体越小，这种劣势表现越明显，越易被淘汰，所以密度太大的林分不能较好地发挥林分的生产潜力。油松、白榆纯林林分均表现出类似的规律，不再多述。

由以上研究可知，干扰指数能较好地反映基株受邻体干扰程度的大小，它能较好地反映林分结构状况的好坏。基株的干扰指数与基株的直径、树冠发育、主干高径比等密切相关，它是描述林木生长状况及其在林分中地位的数量指标。通过干扰指数的大小来间接反映林木空间结构的优劣，干扰指数小的林分，其林分空间结构相对较好。为探求林木生长指标与干扰指数的相对密切程度，以便筛选出林分结构调整时的指导性生长指标，作者对各生长指标与干扰指数的关系进行进一步的关联分析。

4.3.6　主要林分类型基株干扰指数与胸径、冠幅、高径比及生境利用率关联分析

各生长指标与干扰指数存在的关系复杂，分析采用综合指标评价法对其进行评价。为了能够比较各指标与干扰指数的关系大小，本节采用灰色关联分析法对其进行分析。各标准地基株胸径、冠幅、高径比、生境利用率及干扰指数原始数

据结果见表 4.2。

表 4.2　主要林分类型基株胸径、冠幅、高径比、生境利用率及干扰指数原始数据计算结果

林分类型	标准地编号	*D*/cm	*H*/*D*	*S*/（m^3/m^2）	*A*/m	*I*
小叶杨	1 号	15.7	28.46	0.0104	2.6	3.51
		17.0	27.08	0.0112	2.7	3.02
		19.2	27.90	0.0148	2.8	2.86
		16.5	28.13	0.013	3	2.98
		26.4	13.77	0.0243	3.7	2.18
		19.3	23.32	0.0343	2.9	2.9
		19.8	27.27	0.0163	3	3.15
		20	25.25	0.0157	3.1	2.77
		20.5	26.16	0.0092	3.2	2.76
		21.8	24.77	0.0192	3.3	2.7
		21.3	25.26	0.0116	3.4	2.67
		21.6	22.87	0.0197	3.6	2.52
		21.0	26.03	0.0179	3.8	2.62
		22.0	20.03	0.0091	4	2.56
		25.5	18.08	0.0156	4.1	2.47
		24.0	18.62	0.0173	3.9	2.42
		28.1	15.57	0.0248	4.4	2.01
		16.8	26.82	0.0139	2.6	3.32
小叶杨	2 号	14.7	41	0.0051	2.5	3.95
		15.1	39.5	0.0102	2.7	3.42
		18.2	40.39	0.0139	2.9	3.31
		15.7	40.64	0.0078	2.8	3.46
		21.3	25	0.0196	3	2.91
		18.3	35.4	0.0137	3	3.34
		18.8	39.7	0.0062	2.6	3.59
		19.0	37.5	0.0153	3	3.11
		19.5	38.50	0.0078	3.2	3.31
		20.8	37.98	0.0176	3.3	3.21
		19.7	37.52	0.0178	3.2	3.14
		18.9	34.91	0.0097	3.9	2.96
		20.0	33.49	0.0171	3.6	3.05
		21.0	31.82	0.0112	4.1	3.01
		24.5	31.82	0.0131	3.8	2.86

续表

林分类型	标准地编号	D/cm	H/D	S/（m^3/m^2）	A/m	I
小叶杨	2 号	23.0	30.28	0.0169	4.1	2.62
		25.1	24.79	0.0241	4.2	2.45
		15.8	39.21	0.0114	2.6	3.76
油松	1 号	9.3	24	0.0145	1.4	5.9
		11.5	22.05	0.0213	1.6	4.8
		13	20.6	0.032	2.1	3.1
		13.6	19.98	0.0376	1.9	2.27
		12.7	18.96	0.0172	2.5	2.26
		13.4	19.89	0.0177	2	3.13
		13.8	20.62	0.0347	2.5	2.17
		13.8	21.02	0.0314	2.4	3.37
		13.9	19.09	0.0275	2.7	1.45
		13.9	19.46	0.0271	1.9	1.32
		14	19.21	0.0439	2.7	2.16
		14.1	18.14	0.0473	2.9	0.79
		14.2	19.26	0.046	3	0.57
		14.5	16.22	0.0308	3.1	0.53
		14.8	17.94	0.0414	3.2	0.52
		14.7	19.59	0.0332	2.8	1.7
		15.4	18.29	0.0372	2.7	0.62
		15.5	15.96	0.0374	3	0.47
		15	16.98	0.0361	2.6	0.49
		15.3	17.57	0.0463	2.1	0.66
		15.7	18.23	0.0795	2.7	0.39
		15.5	18.75	0.0479	2.7	1.34
		16.3	18.76	0.0895	2.8	0.28
		16.6	14.94	0.0658	3.2	0.36
		16.8	14.41	0.0763	2.7	0.7
		17.3	16.07	0.0672	3.2	0.25
		18.6	16.87	0.0777	2.8	0.21
		19.6	16.18	0.0674	2.7	0.21
		18.6	19.06	0.0926	2.6	0.19
		21	17.75	0.0895	3	0.2
		22	17.78	0.0793	3.3	0.16

续表

林分类型	标准地编号	D/cm	H/D	S/（m^3/m^2）	A/m	I
		7.7	26.9	0.0057	1.5	6.13
		8.3	25.1	0.0062	1.3	5.12
		9.9	18.78	0.0071	1.7	3.42
		10.6	22.10	0.0103	1.6	2.59
		10.4	21.07	0.0109	2	2.58
		10.9	22.01	0.0119	1.5	3.45
		11.6	22.73	0.0092	2	2.49
		11.7	23.13	0.0094	2.1	3.69
		12.7	21.20	0.0128	2.2	1.78
		12.8	21.57	0.0196	1.4	1.62
		13.1	21.32	0.0104	2.1	2.48
		13.3	20.25	0.0215	2.4	1.11
		13.4	21.38	0.0126	2.5	0.89
		13.6	18.33	0.0127	2.6	0.85
		13.8	20.05	0.0122	2.7	0.84
		13.9	21.70	0.0103	2.3	2.02
		13.8	20.40	0.0177	2.2	0.94
油松	2 号	14.1	18.07	0.0177	2.5	0.79
		13.2	19.09	0.0255	2.4	0.81
		14.4	19.68	0.0208	1.8	0.98
		14.6	20.34	0.057	2.3	0.71
		15.0	20.86	0.029	2.3	1.66
		15.4	20.87	0.078	2.4	0.61
		15.7	17.05	0.0447	2.7	0.86
		16.5	16.52	0.05	2.8	1.02
		17.1	18.18	0.0426	2.9	0.57
		20.5	18.98	0.06	2.4	0.53
		22.1	18.29	0.103	2.3	0.53
		21.3	21.18	0.096	2.2	0.51
		23.2	19.86	0.074	2.6	0.52
		24	19.89	0.097	2.8	0.48
		13.3	20.25	0.0215	2.4	1.11
		13.4	21.38	0.0126	2.5	0.89
		13.6	18.33	0.0127	2.6	0.85
		13.8	20.05	0.0122	2.7	0.84

续表

林分类型	标准地编号	*D*/cm	*H*/*D*	*S*/（m^3/m^2）	*A*/m	*I*
油松	2 号	13.9	21.70	0.0103	2.3	2.02
		13.8	20.40	0.0177	2.2	0.94
		14.1	18.07	0.0177	2.5	0.79
		13.2	19.09	0.0255	2.4	0.81
		14.4	19.68	0.0208	1.8	0.98
		14.6	20.34	0.057	2.3	0.71
		15.0	20.86	0.029	2.3	1.66
		15.4	20.87	0.078	2.4	0.61
		15.7	17.05	0.0447	2.7	0.86
		16.5	16.52	0.05	2.8	1.02
		17.1	18.18	0.0426	2.9	0.57
		20.5	18.98	0.06	2.4	0.53
		22.1	18.29	0.103	2.3	0.53
		21.3	21.18	0.096	2.2	0.51
		23.2	19.86	0.074	2.6	0.52
		24	19.89	0.097	2.8	0.48
白榆	1 号	8.2	50.11	0.0019	2.3	2.76
		9.1	49.57	0.0019	2.6	2.64
		9.2	48.90	0.0022	2.8	2.35
		10.3	48.68	0.0027	3.0	1.93
		10.6	48.63	0.0038	2.8	2.40
		10.8	48.55	0.0030	3.1	2.10
		10.9	47.57	0.0034	3.0	2.10
		11.3	47.38	0.0039	3.0	1.70
		11.4	46.62	0.0031	3.3	1.74
		11.5	45.0	0.0042	3.0	1.75
		11.8	43.97	0.0052	2.7	1.81
		12.9	43.82	0.0040	3.4	1.85
		13.2	43.75	0.0048	3.8	1.52
		14.1	42.64	0.0053	3.9	1.07

续表

林分类型	标准地编号	D/cm	H/D	S/（m^3/m^2）	A/m	I
白榆	2 号	26.2	22.74	0.0125	2.8	2.21
		27.1	20.51	0.0115	3.1	2.09
		27.2	19.32	0.0133	3.3	1.8
		28.3	18.88	0.0147	3.5	1.38
		28.6	18.77	0.0192	3.3	1.85
		28.8	18.45	0.0154	3.6	1.55
		28.8	18.36	0.0169	3.5	1.55
		29.2	18.34	0.0184	3.5	1.15
		29.3	18.12	0.0203	3.3	1.19
		29.4	18.05	0.0198	3.5	1.2
		29.7	17.66	0.0228	3.2	1.26
		30.8	16.91	0.0199	3.6	1.3
		31.1	14.88	0.0201	4	0.97
		32.1	14.61	0.0233	4.2	0.52

因各林分标准地基株胸径、冠幅、高径比、生境利用率及干扰指数的量纲不同，故需对原始数据进行消量纲处理（表 4.3）。

表 4.3　主要林分类型基株胸径、冠幅、高径比、生境利用率及干扰指数均值化计算结果

林分类型	标准地编号	D	H/D	S	A	I
		最大差值 Δmax=1.887，最小差值 Δmin=0，分辨系数取 0.1				
小叶杨	1 号	0.7446	1.2022	0.6282	0.5839	1.27
		0.7937	1.1139	0.6593	0.4323	1.07
		0.9311	1.2047	0.9117	0.8041	1.0671
		0.7763	1.1681	0.7646	0.7468	1.0720
		1.2532	0.5802	1.4688	1.1524	0.7911
		0.9314	0.9997	2.0943	0.8632	1.0704
		0.9517	1.1577	0.9887	0.8826	1.1602
		0.9382	1.0427	0.9278	0.8946	0.9911
		0.9626	1.0862	0.5459	0.9495	0.9913
		1.0568	1.0732	1.1847	0.9621	1.0042

续表

林分类型	标准地编号	D	H/D	S	A	I
		最大差值 Δmax=1.887，最小差值 Δmin=0，分辨系数取 0.1				
小叶杨	1 号	1.0069	1.0552	0.6926	1.0806	0.9606
		1.0175	0.9541	1.1732	1.0440	0.9018
		1.0053	1.1056	1.0757	1.1343	0.9500
		1.0261	0.8228	0.5355	1.1696	0.9172
		1.2457	0.7809	0.9620	1.2855	0.9243
		1.1223	0.7735	1.0239	1.5318	0.8627
		1.3445	0.6561	1.4975	1.7794	0.7343
		0.8161	1.1540	0.8448	0.6385	1.2315
		最大差值 Δmax=4.10447，最小差值 Δmin=0，分辨系数取 0.1				
小叶杨	2 号	0.9889	0.9845	0.9838	0.9919	0.9916
		1.0386	0.9630	2.0181	1.4679	0.8875
		1.2544	0.9866	2.7455	1.3722	0.8392
		1.0984	1.0192	1.5778	1.5343	0.8881
		1.4410	0.4793	3.7955	1.9038	0.6572
		1.2470	0.8211	2.7062	1.5158	0.8514
		1.2669	0.9442	1.1948	1.4699	0.8970
		1.2747	0.8762	2.9585	1.4437	0.8250
		1.3151	0.9127	1.5181	1.6102	0.8038
		1.3941	0.8563	3.4020	1.5525	0.7826
		1.2902	0.8554	3.3900	1.5896	0.7653
		1.3084	0.8114	1.9186	1.6935	0.7553
		1.3394	0.9026	3.3260	1.7624	0.7623
		1.4446	0.7127	2.2162	1.9690	0.7706
		1.6823	0.6420	2.6000	1.7585	0.7449
		1.6102	0.6732	3.4196	2.1076	0.7450
		1.6866	0.5447	4.7101	1.9854	0.6139
		1.0743	0.9445	2.2466	1.1381	0.9522
		最大差值 Δmax=3.99052，最小差值 Δmin=0，分辨系数取 0.1				
		0.5698	1.2572	0.2986	0.5202	4.1888
		0.6125	1.1838	0.445	0.6068	3.4717
		0.6144	1.0772	0.6499	0.7795	2.1824
		0.6428	1.0653	0.7791	0.7214	1.6341
		0.728	1.0072	0.3546	0.9408	1.6038

续表

林分类型	标准地编号	D	H/D	S	A	I
		最大差值 Δmax=4.10447，最小差值 Δmin=0，分辨系数取 0.1				
小叶杨	2 号	0.7514	1.0575	0.3675	0.7494	2.2412
		0.8021	1.0997	0.7276	0.9514	1.5724
		0.826	1.1445	0.6661	0.9265	2.4696
		0.5698	1.2572	0.2986	0.5202	4.1888
		0.9421	1.0472	0.5884	1.0481	1.0747
		0.908	1.0087	0.5498	0.7	0.9176
		0.9996	1.0661	0.9468	1.062	1.6166
油松	1 号	0.9837	0.9675	0.9898	1.1009	0.5701
		0.9788	1.0179	0.9404	1.1243	0.4057
		1.0363	0.8656	0.5608	1.174	0.3839
		1.0303	0.9367	0.5193	1.1796	0.3669
		1.0521	1.0456	0.6896	1.0596	1.2268
		1.063	0.9641	0.4806	1.0169	0.4418
		1.0666	0.8437	0.7738	1.1246	0.3365
		1.0979	0.9097	0.7585	0.9895	0.3546
		1.1154	0.957	0.7667	0.8082	0.4858
		1.1337	1.0008	1.7075	1.0515	0.2884
		1.084	0.9758	1.38	0.9915	0.9372
		1.1798	1.0421	1.9388	1.0998	0.2092
		1.1412	0.7934	1.3704	1.2145	0.2599
		1.1509	0.7614	1.5718	1.0118	0.4941
		1.1811	0.8652	1.4065	1.2595	0.1813
		1.157	0.8813	1.5852	1.0393	0.1482
		1.1803	0.8664	1.3988	1.0187	0.1514
		1.1111	1.0029	1.9028	0.9773	0.1358
		1.2331	0.9433	1.8569	1.1201	0.1433
		1.2602	0.9553	1.6660	1.2585	0.1160

续表

林分类型	标准地编号	*D*	*H/D*	*S*	*A*	*I*
		最大差值 Δmax=3.43595，最小差值 Δmin=0，分辨系数取 0.1				
		0.6868	1.3411	0.1838	0.6999	3.7305
		0.6173	1.1836	0.1876	0.568	2.9014
		0.5461	0.9313	0.2257	0.7846	2.0555
		0.6083	1.0571	0.3186	0.7125	1.5053
		0.5874	1.0284	0.3434	0.9091	1.5288
		0.6321	1.0396	0.3626	0.6581	1.9823
		0.7488	1.0957	0.2864	0.9022	1.454
		0.7778	1.1462	0.2995	0.9692	2.2188
		0.8917	1.0339	0.4009	0.9947	1.0455
		0.8934	1.0366	0.5998	0.6257	0.9403
		0.9607	1.0495	0.3295	0.9691	1.488
		0.9505	0.966	0.67392	1.0665	0.6364
		1.019	1.0748	0.4067	1.1677	0.5395
		0.9992	0.8626	0.3846	1.1402	0.4812
		1.0753	0.9935	0.3864	1.2456	0.503
		1.0477	1.0452	0.3184	1.027	1.1717
		1.0735	1.0005	0.554	1.0026	0.5586
		1.0477	1.0452	0.3184	1.027	1.1717
油松	2 号	1.0735	1.0005	0.554	1.0026	0.5586
		1.0428	0.8499	0.3565	1.1029	0.4532
		0.9562	0.9239	0.3886	1.0808	0.4745
		1.1344	0.9759	0.3443	0.8304	0.5869
		1.1292	0.9918	3.0309	1.0396	0.419
		1.1593	1.002	1.503	1.0261	0.9662
		1.1754	1.032	2.4793	1.1055	0.367
		1.1442	0.8134	0.2976	1.1995	0.4962
		1.1831	0.8253	1.6055	1.3082	0.6202
		1.1517	0.8577	0.3794	1.2714	0.3228
		1.2735	0.9358	2.212	1.1061	0.3163
		1.2726	0.8734	3.1854	1.0261	0.3089
		1.4072	1.0336	2.9984	0.9995	0.3027
		1.3057	0.9389	2.851	1.1362	0.2963
		1.4084	0.9636	3.0228	1.2512	0.282
		最大差值 Δmax=0.95579，最小差值 Δmin=0，分辨系数取 0.1				
		0.7606	1.0968	0.5621	0.7711	1.4306
		0.8000	1.0359	0.5373	0.8279	1.3030
		0.8387	1.0574	0.6254	0.9225	1.1934
		0.9284	1.0353	0.7821	0.9859	0.9776
		0.9485	1.0245	1.0527	0.9029	1.1932

续表

林分类型	标准地编号	D	H/D	S	A	I
油松	2号	最大差值 Δmax=0.95579，最小差值 Δmin=0，分辨系数取 0.1				
		0.9705	1.0343	0.8433	1.0057	1.0560
		0.9703	0.9995	0.9427	0.9716	1.0479
		0.9823	0.9764	1.0459	0.9471	0.8251
		0.9960	0.9659	0.8615	1.0506	0.8503
		1.0021	0.9355	1.1556	0.9501	0.8538
		1.0162	0.9009	1.4013	0.8462	0.8726
		1.1845	0.9587	1.1608	1.1405	0.9527
		1.2244	0.9617	1.3985	1.2740	0.7898
		1.2382	0.8905	1.4644	1.2486	0.5271
白榆	1号	最大差值 Δmax=0.94932，最小差值 Δmin=0，分辨系数取 0.1				
		0.9027	1.2467	0.7070	0.8138	1.5480
		0.9242	1.1139	0.6410	0.8834	1.4452
		0.9431	1.0622	0.7587	0.9621	1.2726
		0.9780	1.0389	0.8367	1.0100	0.9663
		0.7606	1.0968	0.5621	0.7711	1.4306
		0.8000	1.0359	0.5373	0.8279	1.3030
		0.8387	1.0574	0.6254	0.9225	1.1934
		0.9284	1.0353	0.7821	0.9859	0.9776
		0.9485	1.0245	1.0527	0.9029	1.1932
		0.9705	1.0343	0.8433	1.0057	1.0560
		0.9703	0.9995	0.9427	0.9716	1.0479
		0.9823	0.9764	1.0459	0.9471	0.8251
		0.9960	0.9659	0.8615	1.0506	0.8503
		1.0021	0.9355	1.1556	0.9501	0.8538
		1.0162	0.9009	1.4013	0.8462	0.8726
		1.1845	0.9587	1.1608	1.1405	0.9527
		1.2244	0.9617	1.3985	1.2740	0.7898
		1.2382	0.8905	1.4644	1.2486	0.5271

续表

林分类型	标准地编号	D	H/D	S	A	I
		最大差值 Δmax=0.94932，最小差值 Δmin=0，分辨系数取 0.1				
		0.9027	1.2467	0.7070	0.8138	1.5480
		0.9242	1.1139	0.6410	0.8834	1.4452
		0.9431	1.0622	0.7587	0.9621	1.2726
		0.9780	1.0389	0.8367	1.0100	0.9663
		0.9914	1.0422	1.0992	0.9680	1.3067
		0.9929	1.0147	0.8689	1.0387	1.0894
白榆	2 号	0.9923	1.0092	0.9618	1.0189	1.0921
		0.9947	0.9957	1.0264	1.0031	0.7960
		1.0366	1.0226	1.1790	0.9834	0.8552
		0.9964	0.9733	1.0908	0.9882	0.8249
		1.0266	0.9707	1.2917	0.9321	0.8789
		1.0366	0.9030	1.0937	1.0152	0.8873
		1.0677	0.8158	1.1404	1.1621	0.6776
		0.9350	1.2467	0.7070	0.8138	1.5480

通过分析得出各生长指标与干扰指数的关联系数（表 4.4）。按照灰色系统理论中关联度分析原则，关联度越大，与理想值越接近，所对应的处理越优良。各处理的优劣排序分别为高径比>胸径>冠幅>生境利用率。综合分析得出，基株高径比与干扰指数的关系最为密切，其次为胸径。

表 4.4　主要林分类型基株胸径、冠幅、高径比及生境利用率与干扰指数的关联系数

标准地编号	因子	关联系数
1 号小叶杨标准地	H/D	0.56
	D	0.42
	A	0.33
	S	0.30
2 号小叶杨标准地	H/D	0.84
	D	0.50
	A	0.38
	S	0.26

续表

标准地编号	因子	关联系数
1 号油松标准地	H/D	0.419
	D	0.3768
	A	0.3676
	S	0.3564
2 号油松标准地	H/D	0.4307
	D	0.385
	A	0.3601
	S	0.3769
1 号白榆标准地	H/D	0.5181
	D	0.3888
	A	0.3346
	S	0.2872
2 号白榆标准地	H/D	0.4111
	D	0.3621
	A	0.3464
	S	0.2397

根据理论分析和生产经验相结合，高径比太大的林木易遭受风折或雪折危害，故在林分间伐时，不应保留高径比太大的林木。此外，由上述分析可知，高径比与干扰指数关系最为密切，但因高径比不便于实际操作，而胸径相对便于操作，故用胸径去分析基株受干扰程度的大小更为可行。

4.3.7　主要林分类型基株干扰指数与碳汇功能的关系

以各标准地基株干扰指数（I）为自变量，基株生物量碳储量为因变量进行曲线拟合（图 4.18～图 4.22）。由图 4.18~图 4.22 可知，各林分基株干扰指数与基株生物量碳储量之间呈负相关关系。

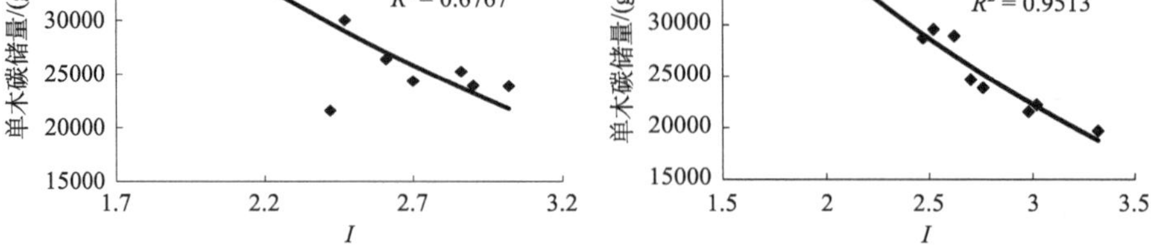

图 4.18　小叶杨标准地基株干扰指数与基株生物量碳储量的关系

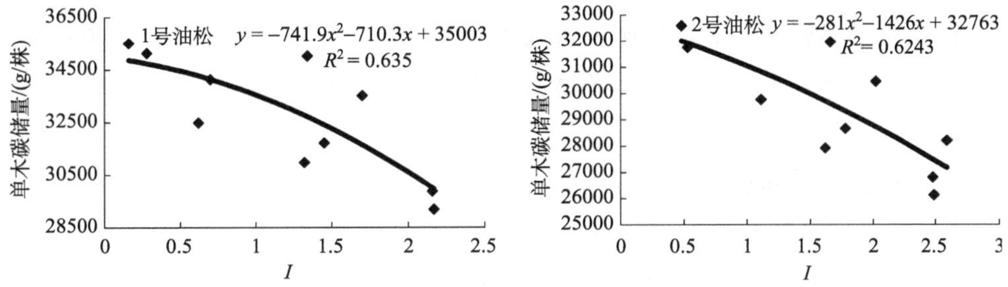

图 4.19　油松标准地基株干扰指数与基株生物量碳储量的关系

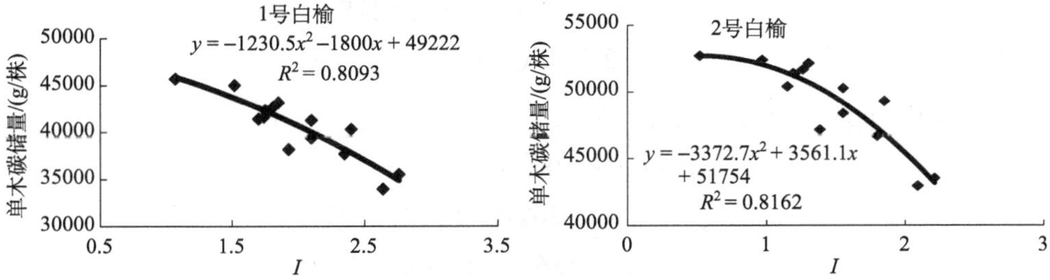

图 4.20　白榆标准地基株干扰指数与基株生物量碳储量的关系

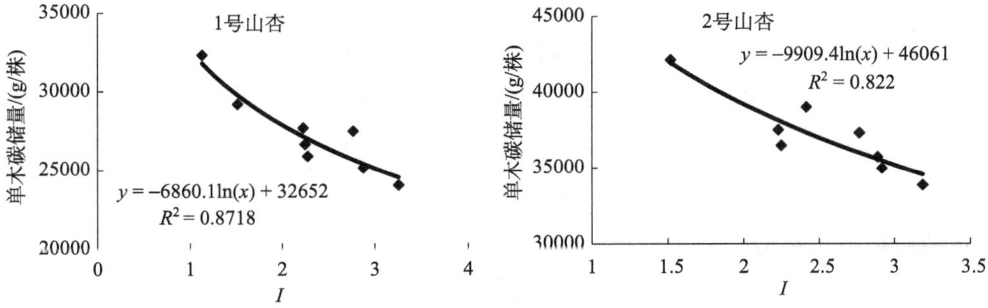

图 4.21　山杏标准地基株干扰指数与基株生物量碳储量的关系

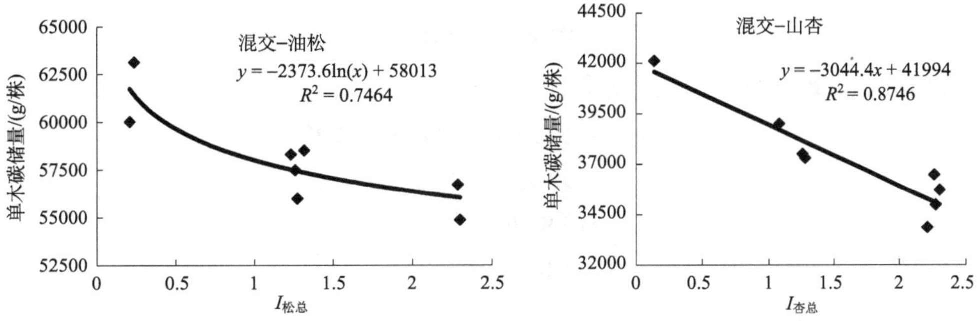

图 4.22　油松山杏混交林标准地基株干扰指数与基株生物量碳储量的关系

根据以上分析，假定通过碳汇管理达到以下林分管理目标：①单木生物量碳储量最高；②林木竞争适度，即各林木平均胸径在正常范围内，在此基础上进行林分结构优化。

由分析得出各林分的优化方程如下。

1 号小叶杨标准地林分结构优化方程：

$$\text{Max } y=-35969\ln(x)+61527$$
$$y=-3.3893\ln(x)+20.275\geqslant 19$$
$$y=-3.3893\ln(x)+20.275\leqslant 23$$
$$2.01\leqslant x\leqslant 3.51$$

2 号小叶杨标准地林分结构优化方程：

$$\text{Max } y=-34815\ln(x)+60567$$
$$y=1.5362x^2-16.865x+57.476\geqslant 17$$
$$y=1.5362x^2-16.865x+57.476\leqslant 21$$
$$2.45\leqslant x\leqslant 3.95$$

1 号油松标准地林分结构优化方程：

$$\text{Max } y=-741.9x^2-710.3x+35003$$
$$y=0.5017x^2-5.9903x+34.568\geqslant 15$$
$$y=0.5017x^2-5.9903x+34.568\leq 19$$
$$0.16\leqslant x\leqslant 5.9$$

2 号油松标准地林分结构优化方程：

$$\text{Max } y=-281x^2-1426x+32763$$
$$y=-6.9626\ln(x)+25.339\geqslant 21$$
$$y=-6.9626\ln(x)+25.339\leqslant 28$$
$$0.48\leqslant x\leqslant 6.13$$

1 号白榆标准地林分结构优化方程：

$$\text{Max } y=-1230.5x^2-1800x+49222$$
$$y=19.972e^{-0.3023x}\geqslant 9$$
$$y=19.972e^{-0.3023x}\leqslant 13$$
$$1.07\leqslant x\leqslant 2.76$$

2 号白榆标准地林分结构优化方程：

$$\text{Max } y=-3372.7x^2+3561.1x+51754$$
$$y=34.172e^{-0.1136x}\geqslant 21$$
$$y=34.172e^{-0.1136x}\leqslant 28$$
$$0.52\leqslant x\leqslant 2.21$$

1 号山杏标准地林分结构优化方程：

$$\text{Max } y=-6860.1\ln(x)+32652$$
$$y=-1.1814x^2+2.2379x+16.969>13$$
$$y=-1.1814x^2+2.2379x+16.969<16$$
$$1.08\leqslant x\leqslant 3.56$$

2 号山杏标准地林分结构优化方程：

$$\text{Max } y=-9909.4\ln(x)+46061$$
$$y=-1.0084x^2+0.7549x+21.146>14$$
$$y=-1.0084x^2+0.7549x+21.146<19$$
$$0.71\leqslant x\leqslant 3.19$$

油松山杏混交林标准地林分结构优化方程：

$$\text{Max } y=\{-2373.6\ln(x_1)+58013\}+\{-3044.4\ln(x_2)+41994\}$$
$$\text{Max } y=-2373.6\ln(x_1)+58013$$
$$\text{Max } y=-3044.4x+41994$$
$$y=-3.211x_1+25.44\geqslant 17$$
$$y=-3.211x_1+25.44\leqslant 23$$
$$y=-3.9302x_2+26.367\geqslant 20$$
$$y=-3.9302x_2+26.367\leqslant 23$$
$$0.07\leqslant x_1\leqslant 3.37$$
$$0.08\leqslant x_2\leqslant 2.97$$

注：x_1 代表混交林中 $I_{松总}$，x_2 代表混交林中 $I_{杏总}$。

通过求解得到：对于密度为 0.04 株/m^2 的小叶杨林地，林木干扰指数达 2.56 时，林分内植株竞争适度且单木生物量碳具有较大值（27 491.4g/株），此时，林木胸径为 22cm。密度为 0.05 株/m^2 的小叶杨林地，林木干扰指数达 2.91 时，林分内植株竞争适度且单木生物量碳具有较大值（21 478.5g/株），此时，林木胸径为 21.6cm。

密度为 0.19 株/m^2 的油松林地，林木干扰指数达 0.36 时，林分内植株竞争适度且单木生物量碳具有较大值（33 978.3g/株），此时，林木胸径为 16.6cm。密度为 0.22 株/m^2 的油松林地，林木干扰指数达 3.45 时，林分内植株竞争适度且单木生物量碳具有较大值（26 819.5g/株），此时，林木胸径为 15.4cm。

密度为 0.09 株/m^2 的白榆林地，林木干扰指数达 1.75 时，林分内植株竞争适度且单木生物量碳具有较大值（42 373.6g/株），此时，林木胸径为 11.5cm。密度为 0.05 株/m^2 的白榆林地，林木干扰指数达 1.2 时，林分内植株竞争适度且单木生物量碳具有较大值（51 353.3g/株），此时，林木胸径为 16.5cm。

密度为 0.25 株/m^2 的山杏林地，林木干扰指数达 2.2 时，林分内植株竞争适度且单木生物量碳具有较大值（27 596g/株），此时，林木地径为 15.9cm。密度为 0.14 株/m^2 的山杏林地，林木干扰指数达 2.04 时，林分内植株竞争适度且单木生物量碳具有较大值（36 148.8g/株），此时，林木地径为 17.8cm。

当油松山杏混交林油松单木干扰指数达 1.37 时，山杏林木干扰指数达 1.26 时，此时，混交林分内植株竞争适度且各自单木生物量碳有较大值，分别为 58 515.4g/株和 37 508.13g/株，此时，油松胸径为 22.8cm，山杏地径为 21.8cm。

胸径较小的林木在林分内属于被压木，竞争中处于劣势易被淘汰；胸径较大的林木在林中易与其他林木形成强烈的资源竞争关系，不利于其他林木的生长，也不利于林分结构的稳定和森林的健康发展，进而不能使林分充分发挥其碳汇功能，所以，当林木胸径（地径）偏离上述所求解时，应给予必要的抚育管理措施。

通过以上分析得到，密度效应对林木的生长极其重要，林分密度大需要辅以间伐弱株，形成密度适中的林分结构，控制邻体的个数，限制邻体干扰效应，一方面可以促进林木个体生长和天然整枝，另一方面可以获得林分整体高的碳汇功能及较强的防护功能。此外，通过对油松山杏混交林与油松纯林及山杏纯林的林分结构特征及林木碳汇功能关系的分析可知，混交林林木所受干扰程度较小，其生物量碳储量较大。因混交林较纯林相比，可以更加合理利用林地资源，林木利用资源等级不同，相互间的竞争相对较小，林木固碳功能相对较大，故改纯林为混交林是提高林木碳汇功能的重要途径之一。有研究也指出，混交林比单一的纯林具有更高的固碳能力，而且混交林的生长速度要比纯林快 20%～45%，因其可以充分利用光能、养分及水分，进而反映在生长速度和提高单位面积产量方面。

第5章　小流域农田防护林网与防护农田固碳耦合效应研究

农田防护林是栽植在农田周边，对改善农田生态环境、促进农业丰收增产等作用的生物工程。农田防护林尤其是农田防护林网是防护林的一种重要形式，它在保护林网内的农田免受风蚀沙埋、保持农作物稳产高产等方面发挥着重要的作用。敖汉旗是防护林面积位居全区首位的造林大县，同时又是“全球环境500佳”、国外在中国开展的首个碳汇造林试验示范县，这里的防护林始建于20世纪50年代，于60年代渐成规模，90年代依托国家重点生态工程，农田防护林的建设步入快车轨道，目前全旗0.19万km^2的旱作农田基本实现了林网化。黄花甸子小流域耕地面积为12.29km^2，其中被农田防护林网保护的耕地面积为5.94km^2，占耕地面积的45%。因此在该区选择典型农田防护林网，研究其林网结构配置的合理与否，对于充分发挥林网的碳汇功能及其持续的防护功能具有重要意义，同时，研究结果为区域农田防护林的营建，实现农田林网优化结构的推广具有重要意义。

该旗及该小流域的林网配置规格主要以窄林带，小网格，通风结构，主林带间距300m，副林带间距400～500m（主要以400m为主），株行距2m×2m为主。经过调查，选择小流域具有代表性的农田防护林网作为研究对象，林带配置规格为：窄林带、小网格；主林带间距300m，副林带间距400m；主林带4行，株行距2m×2m，副林带3行，株行距2m×2m；主林带走向垂直于主害风方向，副林带走向垂直于主林带走向。林带树种为赤峰36号杨树（Populus×Chifeng36），林龄16a，林带平均树高为14.9m，平均胸径为16.5cm。

5.1　小流域农田防护林网与防护农田固碳耦合效应研究方法

1）调查内容

选取小流域具有代表性的农田防护林网，规格为300m×400m，林网内作物为玉米。林网基本情况调查于作物收获季节进行，调查内容包括林网规格、林带走向、林带宽度、树种组成、林龄、树高、胸径、株行距等。

2）试验地布设

根据试验地具体情况，采用样线法布设样点。于林网四个方向各设置三条样线，共布设样线 12 条，且各样线间距为 50m。每条样线在距离林带 0.1H（H 为树高）、0.2H、0.3H、0.5H、0.7H、1H、1.5H、2H、2.5H、3H、5H、7H 及 9H 处设置样点，并在林网四角区域处及林网中心各设置样点一个，采样点布设示意图见图 5.1。

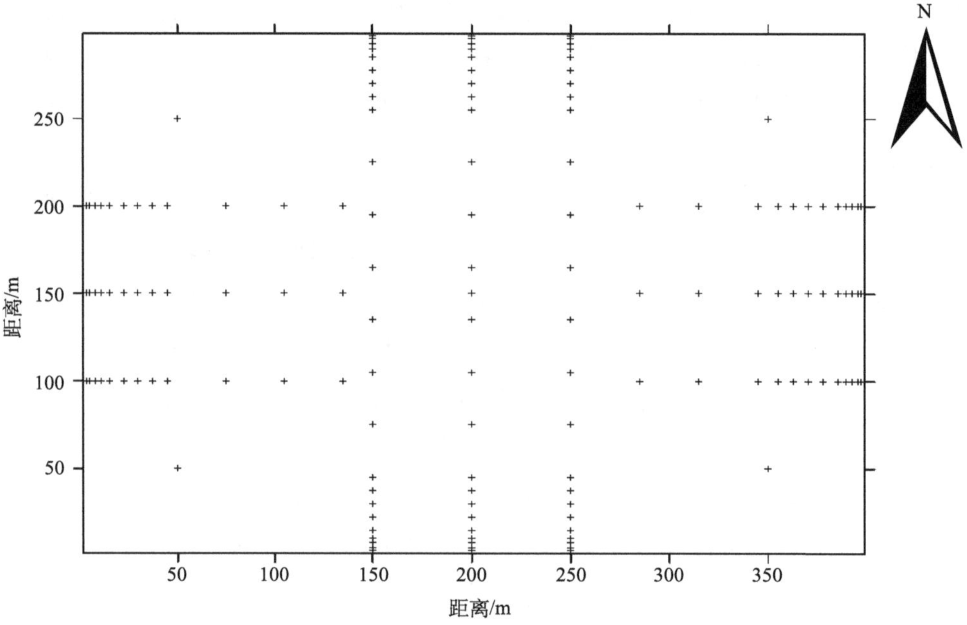

图 5.1　林网内采样点布设示意图

对照点选在距林网 1000m 之外的无林网保护的玉米田，且水肥条件及管理条件与林网试验地相接近，共设 10 个对照点。

3）试验取样

于各采样点分别设置 1m×1m 的样方，收获作物，进而测定生物量碳及产量。在各采样点采用剖面法按 0～10cm，10～20cm，20～40cm，40～60cm 以及 60～100cm 土层取土样，每层取 3 个重复。林带内植被与土壤取样方法基本同图 5.1。植被、土壤含碳率及土壤容重测定方法同图 5.1。本节土壤分析数据取土壤剖面的平均值。

4）数据处理及计算

数据统计处理主要用到 Excel 分析软件，林网内等值线图的绘制由 Surfer7.0 软件绘制而成。Surfer 软件是一款绘制等值线图的常用工具，绘图原理是通过数据网格化（插值）将离散的 X、Y、Z 数值转化为分布规则的空间数据，并以多种形式的图形表达出来，其多被用于测绘、工程、矿山等方面，近年来也有人用在农田防护林的研究。本研究中，X 轴选取林网东西走向，Y 轴选取林网南北走向，单位均为 m；Z 轴为林网单位面积生物量碳储量或单产，单位为 g/m^2。这样每个采样点都有其确定的空间位置，然后利用 Surfer 软件中提供的网格化方法并采用克里金（Kriging）插值法对各测点进行空间插值，并绘制生物量碳储量及作物产量等值线图，便于林网内作物生物量碳储量及产量的分布特征被更直观地反映出来。

应用 Surfer 软件的面积计算功能和体积计算功能可以计算出林网内作物生物量碳储量及产量划分的各个分区所占林网总面积之比以及增（减）量比例。根据林网内作物生物量碳储量及产量分布的一般特征以及对照区所测得的单位面积生物量碳储量及产量的数据特征，对作物生物量碳储量及产量进行分区：将林网生物量碳储量分为增加区、减小区；将林网产量分为增产区、平产区、减产区及严重减产区。由于林带周边的作物受林带胁地效应较重，作物产量相对较低，分析中将减产量超过 20%的区域定义为严重减产区。应用 Surfer 软件的面积计算功能，能够计算出各分区占林网总面积的比例。对生物量碳储量而言，以 Z_1 为基准面，Z_1 以上部分的面积为增加区面积 S_1，即为增加区在林网内的分布面积；Z_1 以下部分的面积为减小区面积 S_2，即为减小区在林网内的分布面积。根据各分区在林网内分布面积的计算结果，可以计算出各分区面积占林网总面积的比例。同理，对产量而言，以划分的增产区、平产区、减产区及严重减产区中产量分区标准分别作为基准面，即 Z_1、Z_2 和 Z_3。以 Z_1 为基准面，可以计算出基准面以上部分的面积 S_1，即为增产区在林网内的分布面积；以 Z_2 为基准面，可以计算出基准面以上部分的面积，该面积与 S_1 相差所得面积即为平产区在林网内的分布面积 S_2；以 Z_3 为基准面，可以计算出对应基准面以上的面积，该面积与 S_2 相差所得的面积即为减产区在林网内的分布面积 S_3；林网总面积为 S，将 S_1、S_2 和 S_3 求和，S 与求和面积相减所得的面积即为严重减产区在林网内的分布面积 S_4，根据各分区在林网内分布面积的计算结果，可以计算出各分区面积占林网总面积的比例。

应用 Surfer 软件的体积计算功能，能够计算出林网内总生物量碳储量及作物总产量的增（减）情况，在计算方法上，体积计算原理与面积计算较为相似，以对照点单位面积作物生物量碳储量（或单位面积作物产量）为基准面 Z（也称为水平面），这一基准面将网格数据分割成上体积 V_1 和下体积 V_2 两部分，V_1 位于基准面上方表示林网内生物量碳储量（或产量）实际增加部分，V_2 位于基准面下方表示林网内生物量碳储量（或产量）实际减小部分，V_1 与 V_2 之差则反映出林网内总生物量碳储量（或总产量）的增减情况：差值为正则表示林网内总生物量碳储量（或总产量）增加，反之则表示减少。其中，林网内生物量碳储量增加（减小）率或产量增（减）产率可用式（5.1）进行计算：

增（减）率=100%×总增（减）量/（林网面积×对照区单位面积均值）　（5.1）

5.2　农田防护林网对林网内生物量碳储量的影响

农田防护林网是高效农田生态系统的重要组成部分，对调控农田生态环境方面的作用是重要的、广阔的。林带改变了原有生态环境的空间分布格局，使得林网内局部小气候发生改变，风速降低、空气湿度增加、土壤含水率提高等，从而使作物在较好的平衡状态下生长和发育，最终体现在作物增产方面（包括生物产量的增加和经济产量的增加）。林带可理解为影响空气动力的“栅栏”或“筛网”，气流穿过林带后风速动能被削弱，一方面体现在：气流与林带枝叶的摩擦及引起枝叶摇摆所消耗的风速动能；另一方面体现在：经过林带后的气流形成许多湍流，彼此摩擦所消耗的风速动能。此外，风速及地表层空气的水分和热量平衡很大程度受地表活动面的性质所影响，因为水分及热量的输送主要以湍流形式进行交换，在大气中传热与传质（如 H_2O 和 CO_2）主要取决于湍流的结构与运动。农田林网改变了下垫面的粗糙度，使林带附近农田地表空气层的物理状态发生剧烈变化，形成了特有的动力和热力效应，因此，农田防护林的空气动力效应对微气候环境的调节功能起着决定性作用，它是间接影响作物生长的主导因素。

但是农田防护林网对林网内作物生长产生正效应的同时，也伴有一定的负效应。林木根系与林带附近作物对水分和养分的争夺，树冠遮阴引起林带附近区域的日照减少，这在局部上造成作物长势不好，进而体现在生物产量和经济产量降低方面，而且这种负效应体现出：夏作物小于秋作物，阳面林带小于阴面林带，肥沃的土壤小于瘠薄的土壤，有灌溉或者湿润年份的条件小于无灌溉条件或干旱年份的条件。

5.2.1　农田防护林网对林网内生物量碳储量分区研究

根据已知数据库数据绘制林网作物生物量碳储量分布图（图 5.2）。由图可以

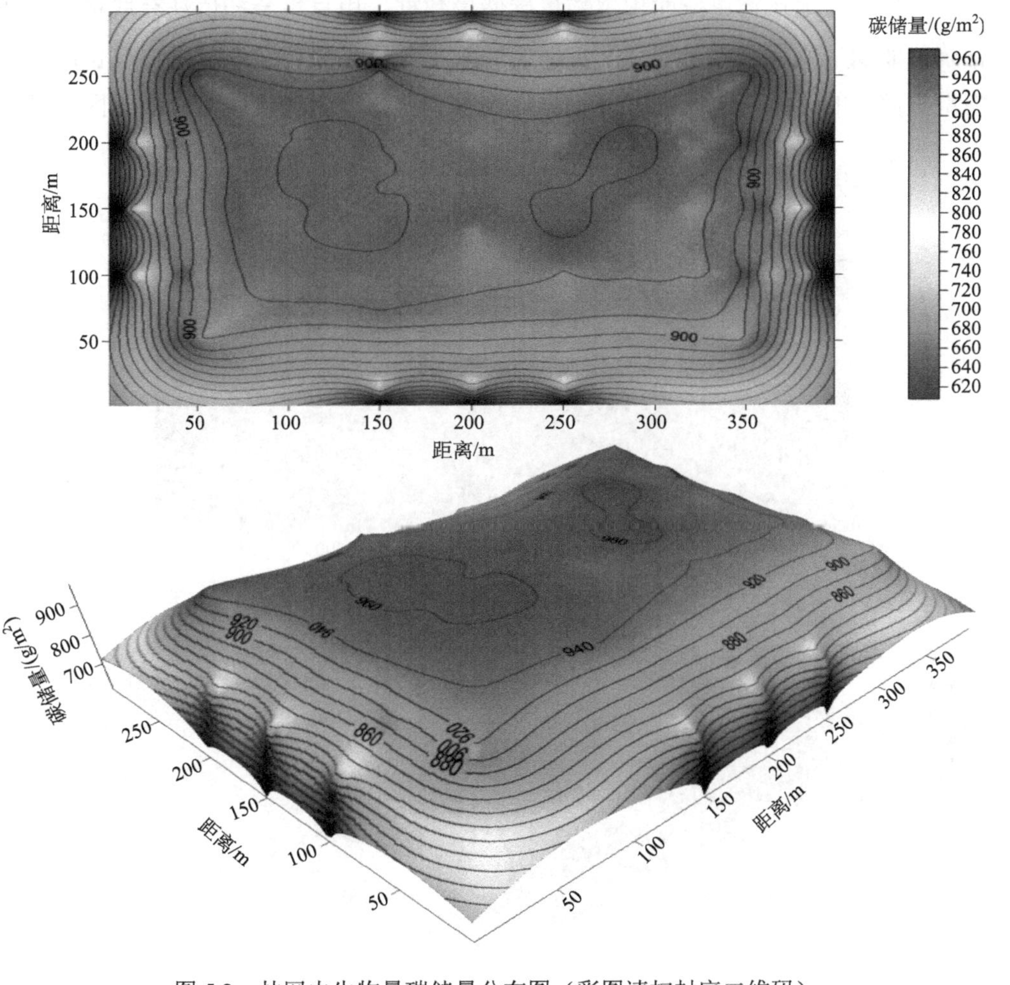

图 5.2　林网内生物量碳储量分布图（彩图请扫封底二维码）

看出，作物生物量碳储量总体分布规律为：从林带周边向林网中心区域过渡，值呈先逐渐增大，之后变化渐趋平缓的趋势。林带周边受林带胁地效应的影响，生物量碳储量值较低。

为了更加直观地反映防护林网对生物量碳储量的影响，对林网内生物量碳储量分布图进一步进行分级处理。具体分级过程：求得无林网保护的对照区作物生物量碳储量为 800.1g/m^2，以此为基础，对林网内作物生物量碳储量进行分区；单位面积生物量碳储量大于 800.1g/m^2 为增加区；单位面积生物量碳储量小于 800.1g/m^2 为减小区。这样最终将试验地分为两个区域：增加区和减小区。

根据试验地作物单位面积生物量碳储量数据，用克里金插值法获取林网内作物单位面积生物量碳储量的空间数据文件，用 Surfer 软件绘制林网内单位面积生物量碳储量的分区图(图 5.3)，并根据对作物单位面积生物量碳储量的分区标准，

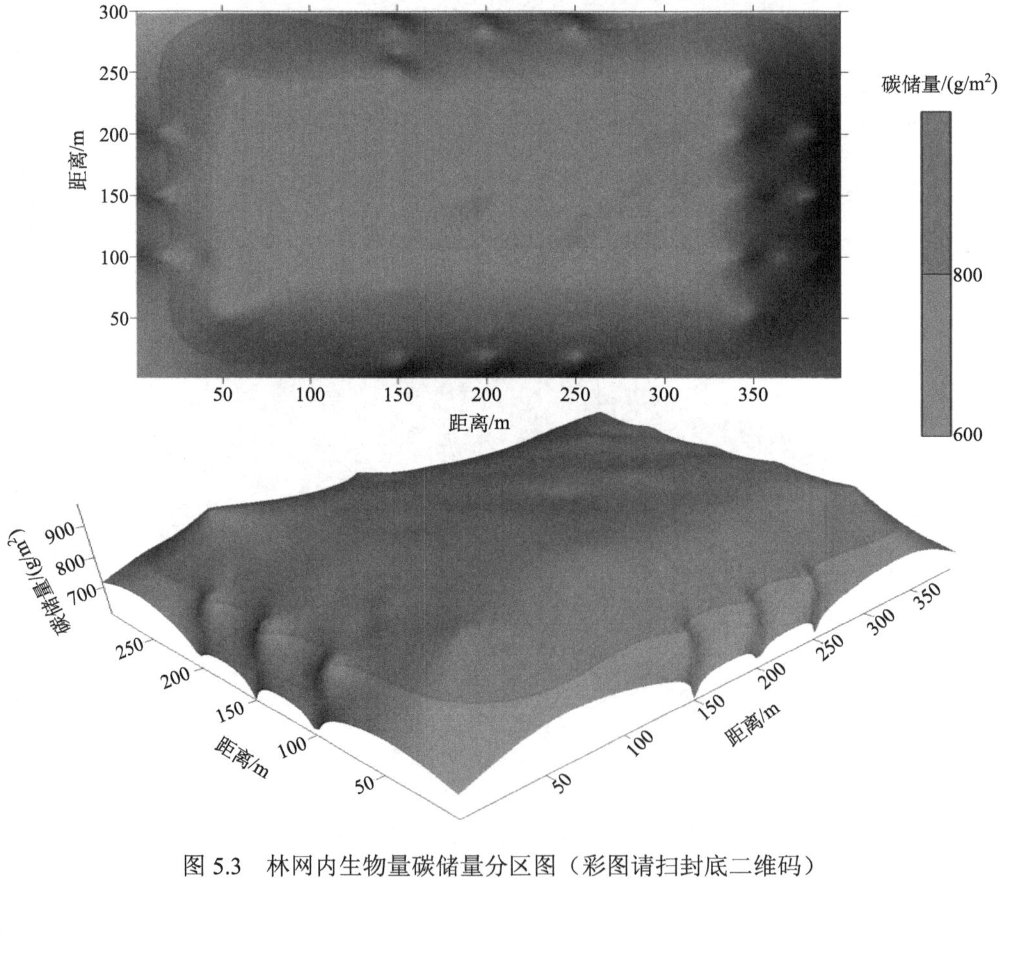

图 5.3　林网内生物量碳储量分区图（彩图请扫封底二维码）

将其划分为两个区域，分别用不同颜色表示。紫色区域为生物量碳储量增加区，主要分布于四侧林带周边，面积相对较小；蓝色区域表示生物量碳储量减小区，主要分布于林网中央区域，面积相对较大。林网内局部出现凹凸不平的现象，该原因可以用林网的凹槽地形说去解释，即前一年秋收后直到次年春耕前这一段时期，在带间农田上出现了明显的积沙带—风蚀带—积沙带的变化，由于积沙与风蚀的不均匀分布，土壤机械组成发生了较大变化。风蚀带的耕层被风蚀，土壤中较细的土粒连同肥料被吹走，相反，积沙带土壤则有所增加，而且夏季雨水集中时期，风蚀带最低洼处有局部积水现象。水、肥的不均匀必然使林网内作物生长发育表现出明显的差异。

5.2.2　农田防护林网对林网内总生物量碳储量的影响分析

根据上述分区标准，林网内单位面积生物量碳储量大于 800.1g/m^2 为增加区；小于 800.1g/m^2 为减小区。采用 Surfer 软件的面积计算功能，对林网内生物量碳储量进行分区，并可求得各分区面积占林网总面积的比例，结果见表 5.1。

表 5.1　林网内生物量碳储量分区计算结果

分区	Z 值/（g/m^2）	分区面积/m^2	林网总面积/m^2	所占林网面积比例/%
增加区	800.1	89 555（S_1）	116 820（S）	76.64
减小区	800.1	27 265（S_2）	116 820（S）	23.34

由表 5.1 可知，林网内生物量碳储量增加区面积占林网总面积的 76.64%，减小区面积占林网总面积的 23.34%。说明防护林网对林网内作物生物量碳增汇是有效的。

为进一步研究防护林网对农田作物的碳增汇大小，采用 Surfer 软件的体积计算功能，对林网内总生物量碳储量的变化情况进行分析，体积计算通常用于确定两个网格文件之间的实体体积。所谓体积通常是指空间曲面与一基准平面或曲面之间的空间体积，在绝大多数情况下，基准面是一水平面。基准面的高度不同，尤其是当高度上升时，空间曲面的高度可能会低于基准平面，此时出现负的体积，称为“填方”，当体积为正时，称为“挖方”。本节在计算林网内总生物量碳储量增减情况时，将实测生物量碳储量数值通过插值形成的格网文件作为计算体积的一个曲面，将对照点作物平均单位面积生物量碳储量作为基准平面，即基准面 Z=800.1g/m^2，位于基准面上下两个面形成的总体积为正时则表示林网内生物量碳储量增加，总体积为负时则表示林网内生物量碳储量减小。

根据式（5.1）计算生物量碳储量增加率或减小率，结果见表 5.2。经计算净体积为 8 738 136.81g，故林网内总生物量碳储量为增加。林网总面积为 116 820m^2，基准面 Z=800.1g/m^2，根据式（5.1）可计算出林网内生物量碳储量增加率为 9.35%。

表 5.2 林网内生物量碳储量增加率

林网面积/m^2	Z 值/（g/m^2）	林网内生物量碳储量增加量/g	增加率/%
116 820	800.1	8 738 136.81	9.35

5.3 农田防护林网对林网内作物产量的影响

农业是安国兴邦的基础，我们在关注农田防护林网的营建所产生生态效益的同时，还要考虑农田林网所产生的经济效益如何，即在使农业生态系统有机碳储量达到最大化的前提下，以期保证农产品的供应。

5.3.1 农田防护林网对林网内作物产量分区研究

根据已知数据库数据绘制作物产量分布图（图 5.4）。由图可以看出，作物产量总体分布规律为：从林带周边向林网中心区域过渡，值呈先逐渐增大，之后变化渐趋平缓的趋势。林带周边受林带胁地效应的影响，产量较低。

为了更加直观地反映防护林网对作物产量增减产的影响情况，对作物产量分布图进行分级处理。具体分级过程：求得无林网保护的对照区作物产量为（680±48.6）g/m^2，以此为基础，对试验地作物产量进行分区；作物单位面积产量大于 728.6g/m^2 为增产区；作物单位面积产量小于 631.4g/m^2 为减产区；介于二者之间为平产区；为进一步细化农田林网对作物的胁地影响，将减产区内减产量超过 20%以上的区域称为严重减产区，即作物单位面积产量低于 631.4g/m^2。这样最终将试验地分为四个区域：增产区、平产区、减产区及严重减产区，其中，高于 728.6g/m^2 视为增产区、介于 631.4～728.6g/m^2 视为平产区、低于 631.4g/m^2 视为减产区、低于 566.7g/m^2 视为严重减产区。

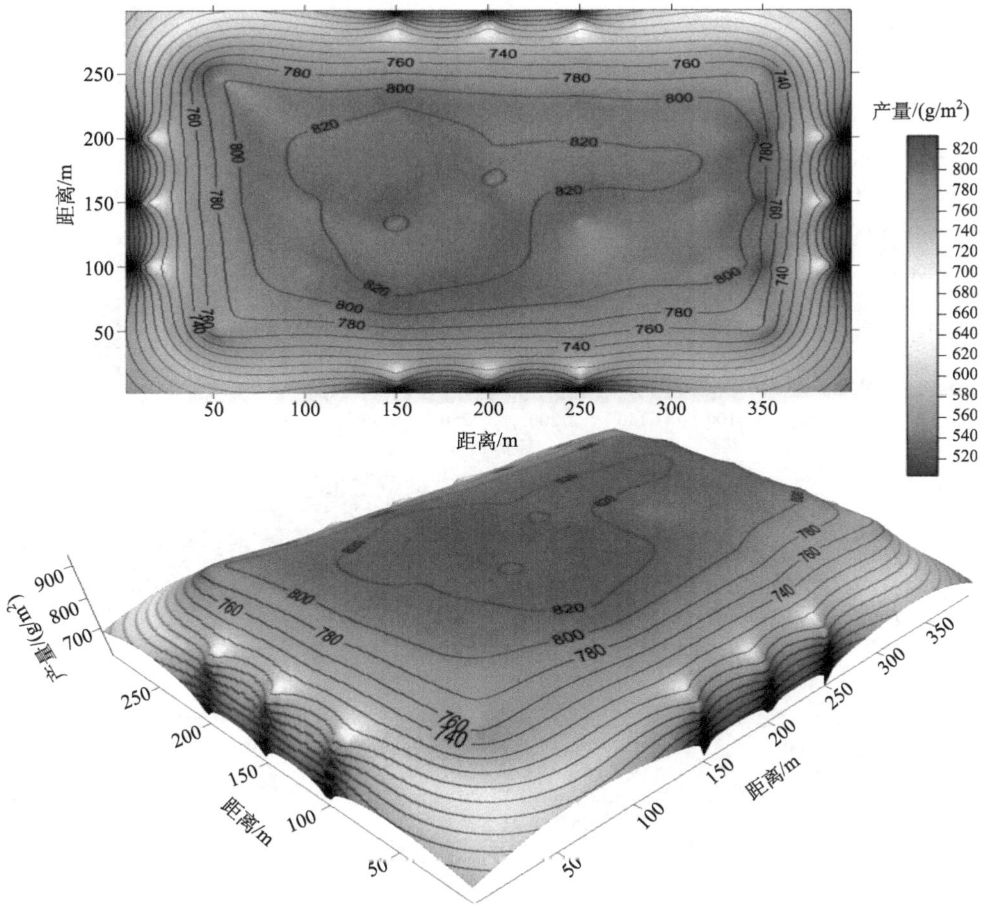

图 5.4　林网作物产量等高线图(彩图请扫封底二维码)

根据试验地作物单位面积产量数据，用克里金插值法获取林网内作物单位面积产量的空间数据文件，用 Surfer 软件绘制林网内单位面积产量的分区图(图 5.5)，并根据本节对作物单位面积产量的分区标准，将其划分为四个区域，分别用不同颜色表示。图 5.5 中蓝色区域表示增产区，绿色区域表示平产区，橘黄色区域表示减产区，紫色区域表示严重减产区。从图 5.5 中可以看出，严重减产区和减产区分布于林带周边，分布面积相对较小；增产区主要分布于林网中央区域，分布面积较广；平产区主要分布于增产区和减产区之间。林网内部分区域同样出现了凹凸不平的现象，原因参见林网内生物量碳储量分析部分。

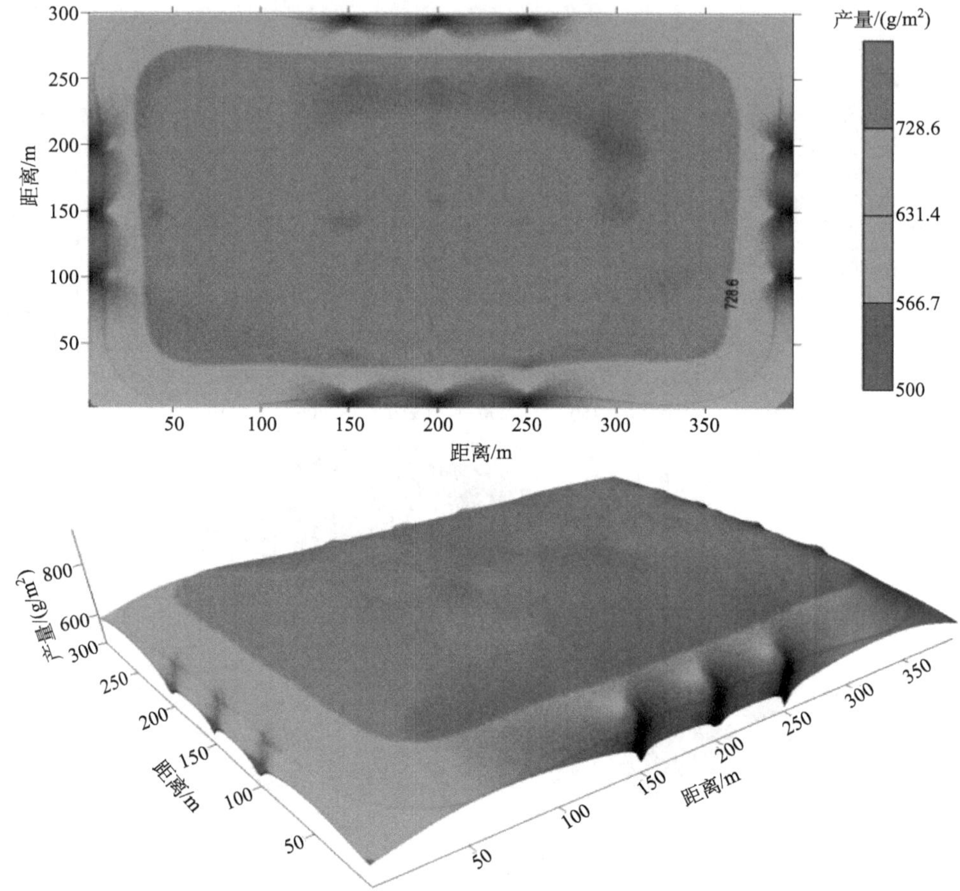

图 5.5　林网作物产量等值线分区等高线图（彩色请扫封底二维码）

5.3.2　农田防护林网对林网内总产量的影响分析

用 Surfer 软件中的面积计算功能，可以计算出增产区、平产区、减产区、严重减产区在林网内的分布面积及各自占林网总面积的比例。计算原理类似于生物量碳储量计算过程。将实测产量通过插值形成的格网文件作为一个曲面。按照产量分区标准分别作为基准面，即 Z 分别等于 728.6g/m^2、680g/m^2、631.4g/m^2。Z=728.6g/m^2 时计算出的基准面以上部分的面积 S_1，即为增产区在林网内的分布面积；Z=680g/m^2 时计算出的基准面以上部分的面积，该面积减去 S_1 所得面积即为平产区在林网内的分布面积；Z=631.4g/m^2 时计算出对应基准面以上的面积，该面积与 S_2 相差所得面积即为减产区在林网内的分布面积 S_3；林网总面积为 S，将 S_1、S_2 和 S_3 求和，S 与求和面积相差所得面积即为严重减产区的面积 S_4。通过计算求得各分区面积占林网总面积的比例，结果见表 5.3。计算结果显示，林网内增产区占林网面积比例最大，其次为平产区，最小的为严重减产区。具体表现为增产区面积占林网总面积的 51.2%，平产区面积占林网总面积的 40.4%，减产区面积占林网总面积的 4.3%，严重减产区面积占林网总面积的 4.1%。

表 5.3　林网内产量分区计算结果

分区	Z 值 /（g/m^2）	基准面面积/m^2	不同产区面积/m^2	林网总面积/m^2	所占林网面积比例/%
增产区	728.6	59 811.8	59 811.8（S_1）	116 820（S）	51.2
平产区	680.0	107 007.1	47 195.3（S_2）	116 820（S）	40.4
减产区	631.4	112 030.3	5 023.3（S_3）	116 820（S）	4.3
严重减产区	—	—	4 790（S_4）	116 820（S）	4.1

利用 Surfer 软件的体积计算功能，对林网内作物增减产情况进行分析，计算过程与林网内生物量碳储量过程相似。根据式（5.1）计算作物的增产率或减产率，结果见表 5.4。经计算净体积为 8 221 791.6g，故林网内总产量为增产。林网总面积为 116 820m^2，基准面 Z=680g/m^2，故可计算出林网内作物的增产率为 10.35%。

表 5.4　林网内作物增产率

林网面积/m^2	林网内总产量/g	Z 值/（g/m^2）	林网内总增产量/g	增产率/%
116 820	79 437 600	680	8 221 791.6	10.35

孙柏等（1995）对农田林网对作物所产生的经济效益进行分析，结果指出小麦的增产效益在 10%左右。李秀江等（2000）通过总结国内外农田防护林效益后得出，在半干旱和半湿润地区，林网内的粮食作物可增产 10%。有资料报道，敖汉旗农田防护林网的营建产生了较好的生态效益和经济效益，监测结果显示，有

防护林带的农地风蚀减少，且抵御自然灾害的能力增强，农作物平均增产 10%。叶小云等（1999）通过对农田防护林林带附近的作物产量与无林地作物产量进行对比分析，结果显示迎风侧林带附近作物产量低于无林对照区的 7.77%，而背风侧林带作物产量高于无林对照区的 26.5%。

由分析可知，虽然在林带 1H 范围内因林带的胁地效应导致部分区域出现了作物减产的现象，但林带胁地面积占林网净保护地面积的 8.4%，而增产区面积占林网净保护地面积的 51.2%，此外，林网内增产率为 10.35%，一定程度上反映出林带的存在有利于林网内作物的增产。Robert 等（2003）对干旱年小麦做了研究，研究表明，6 年内小麦平均增产为 9.8%。防护林网的胁地效应不可避免，但防护林网在作物增产效应方面的作用是积极的、重要的。防护林使周围空气中生态因子的强度及分布发生变化，形成了具有特殊性质的场——林网生态场。林网生态场较优越的生态条件，如相对适宜的温度、湿度等，可提高作物的生产力。

5.4　农田防护林网复合模式的固碳、增产效益分析

农林争地问题一直被人们广泛关注。国务院提出，“十二五”时期，我国森林面积要达到 $1.25\times10^7 hm^2$，所以农林争地的矛盾会更加突然，营建农田防护林网对于地区生态效益和经济效益究竟有多大，林带–农田作为一个复合单元，其固碳、增产效益如何，目前鲜见报道，基于此问题的提出，作者做了相关研究。

林网复合单元生态系统碳增汇=植被层碳增汇+土壤层碳增汇（此处忽略凋落物层碳增汇）

其中

植被层碳增汇=林带植被层碳增汇+林网净保护地作物碳增汇

复合单元土壤层碳增汇=林带土壤层碳增汇+林网净保护地土壤层碳增汇

复合单元产量变化=林带产量+林网净保护地作物产量（旷野对照点作物产量分析未考虑林木的经济产量，所以林带产量近似为零）

由图 5.6 可知，农田林网的营建，虽然林带会占用一定面积的耕地，但林网复合单元的生物量碳储量和作物产量均高于对照。表现为：复合单元生态系统碳增汇为 17.54%，其中，植被碳库和土壤碳库的碳增汇分别为 15.84%和 1.7%；分

析虽未考虑林木所产生的经济效益，加之林带对作物产量的胁地效应，但林网复合单元的总产量仍比对照高 8.4%。分析表明，农田防护林网的营建实现了固碳、增产双增益，在生态效益及经济效益方面起到重要的作用。此外，有研究指出，合理的防护林带占地面积应在 2%～5%，本分析结果为 2.65%，说明本研究所选取的防护林网的林地宽度设计是合理的。同时，以上分析说明，在研究区营建该规格及该配置模式的农田防护林网是可行性，研究结果可为地区农田防护林的建设提供指导意见，并且可为地区小流域防护林的空间配置研究提供数据支持和理论依据。

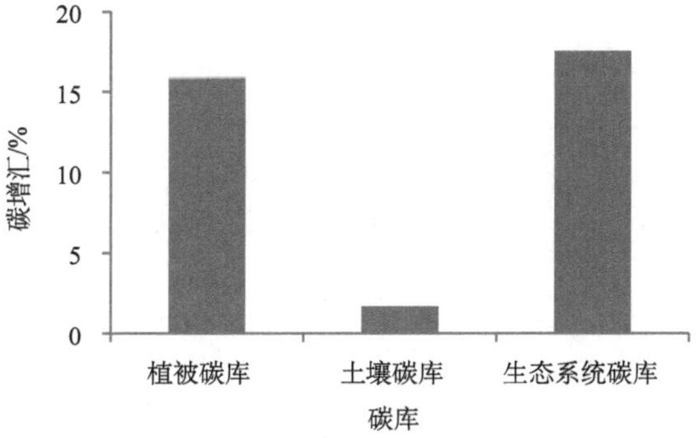

图 5.6　林网复合模式碳储量变化图

通过以上对农田防护林网对林网生物量碳储量及作物产量的研究表明，由于林带的胁地效应，林带周边均出现了生物量碳储量降低及作物减产的现象。林带由纯林高杆，深根性的乔木树种——杨树组成，不论在水平方向上还是垂直方向上，其根幅均较宽，这致使林木根系与林缘边作物争夺水分和养分，加之林木树冠的遮阴引起林带附近区域的日照减少，影响作物长势，进而体现在作物生物量碳储量降低和作物减产上。根据以上分析可以得出：四侧林带的胁地范围基本在 0.3～1H，最大可达 2H，这与胡海波等（1997）的研究结果较为相似。黄守科（2013）对赤峰市松山区太平地镇的农田防护林网对作物产量的影响进行研究，指出林带的胁地范围在 0.5～1.3H。郝玉光等（1997）以作物为研究对象，指出林带的胁地效应在 0.5～1H 范围内较严重。刘丽霞（2008）研究指出，林带对小麦的平均胁地范围是 1.3H。还有研究指出，林带的胁地范围可达 1～1.5H，最大可达 2H。

林带胁地效应由各条林带的遮阴时间及遮阴幅度等综合因素所致，作用过程极其复杂。林带的胁地效应对作物生物量碳储量及产量有不同程度的影响，距离林带越近，胁地效应越大。因此，可以在林带附近胁地范围处挖断根沟；或者在林网胁地范围内种植浅根、耐阴、经济价值较高的牧草或经济作物，如羊草、苜蓿等，以消除林网损失，提高经济效益。

第 6 章　以碳汇功能为目标的小流域防护林体系空间配置研究

防护林作为黄花甸子小流域森林资源的重要组成部分，因其长势不良，不能充分发挥高效碳汇功能。而防护林体系空间结构的优劣直接影响防护林功能效益的发挥，所以要对防护林进行结构分析调整，并对防护林结构进一步量化，为小流域防护林高效空间配置及经营管理提供理论依据。

防护林体系空间配置是指防护林体系的土地利用结构、林种结构和林分系统的空间布局。这种配置是基于区域发展土地利用多目标约束条件下的一种配置。

6.1　以碳汇功能为目标的小流域防护林空间配置研究方法

（1）土地利用结构优化模型的构造。

采用层次分析法建立以碳汇功能为主要目标的土地利用格局优化模型。评价体系综合目标确定为不同土地利用结构下碳汇功能目标层（A）；兼顾生态效益、经济效益及社会效益的策略层（也称准则层）（B）；以及策略层下面选择若干评价指标作为措施层（C）。分析采用专家评分赋值法对各指标进行等级评分。采用 1～9 标度（指标的相对重要性）法，具体含义为：1，3，5，7 及 9 分别表示两个因素相比，前者和后者相同重要、前者比后者稍重要、前者比后者明显重要、前者比后者强烈重要及前者比后者极端重要；2，4，6 及 8 表示上述相邻判断的中间值；这些数值的倒数表示不同程度的不重要性。

检验所构建的判断矩阵是否具有满意的一致性时，需使随机一致性比率指标小于 1，即满足：$CR<0.1$，其中，$CR=CI/RI=（\lambda_{max}-n）/RI（n-1）$，$\lambda_{max}$表示矩阵的最大特征根，$RI_1=0.00$，$RI_2=0.00$，$RI_3=0.58$，$RI_4=0.90$，$RI_5=1.12$，$RI_6=1.24$，$RI_7=1.32$，$RI_8=1.41$，$RI_9=1.45$，$RI_{10}=1.49$，$RI_{11}=1.53$。

（2）立地因子及土壤质量指标权重的确定。

关于评价指标的权重及评价指标的最终选取，采用主成分分析法。

（3）地形因子的提取。

以小流域 1∶1 万地形图为基础，应用 ArcGIS 地理信息系统，对地形图进行矢量化。在 ArcGIS 软件支持下，生成小流域数字高程模型（Digital Elevation Model，DEM），根据 DEM 数据提取小流域坡度、坡向信息，并将坡度分为以下几个等级：<5°、5°~15°、15°~25°；将坡向划分为：阳坡、阴坡。关于坡度、坡向分级标准及分级过程参照文献。

（4）主要林分类型地形空间的分布划分。

对 DEM 再次进行地形信息的提取，以各林地斑块为单元，采用空间分析（spatial analysis）模块，获取每个斑块各地形因子的值并结合实地调查加以校正。

（5）土壤取样及其理化性质的测定。

以上述“主要林分类型的地形空间分布划分”为基础，对不同坡度、坡向上典型林分类型进行土壤布点取样。样品采集前，将全部设计样点布设于 1∶1 万地形图上，野外实测取样时，采用 GPS 分别读取采样点的坐标、高程、坡向、坡度等数据。

（6）基于土壤质量评价的防护林主要林分类型的选择及主要土壤质量指标的选取。

选择小流域具有代表性的林分类型作为调查样地。所选林分类型为：小叶杨纯林、油松纯林、白榆纯林、山杏纯林、柠条纯林、沙棘纯林、油松山杏混交、油松沙棘混交及杨树山杏混交林。

在评价小流域主要林分类型的土壤质量时，选取的土壤质量评价指标包括：土壤有机质、全氮、有效磷、速效钾、pH、微生物量碳及土壤容重。

其中，有机含碳率测定方法同 5.1 节，全氮、有效磷、速效钾、pH、微生物量碳及土壤容重的测定采用常规测定法。

6.2　以碳汇功能为目标的土地利用格局优化

土地利用结构调整是防护林空间配置的前提。防护林空间配置首先要在土地利用多目标约束条件下实现。合理的土地利用结构调整对于增加陆地生态系统碳储量、减少碳排放有着关键性的驱动作用。基于此，作者以碳汇功能为目标对黄花甸子小流域土地利用结构进行调整，运用多目标规划的方法构建模型，初步探讨了以碳汇功能最大，生态效益、经济效益及社会效益协调发展的土地利用结构优化新途径。

分析以 2008 年遥感影像资料为基础，采用监督分类方法进行解译，获取小流域现有土地利用现状图，并对各地类面积进行统计：小流域总土地面积为 32km^2，其中，耕地面积为 12.29km^2，占小流域面积的 38.41%；林地面积为 12.13km^2，占小流域面积的 37.91%；草地面积为 1.95km^2，占小流域面积的 6.09%；城镇居民及建设用地面积为 1.33km^2，占小流域面积的 4.16%；未利用地面积为 4.3km^2，占小流域面积的 13.44%。从提高碳汇功能、提升综合生态效益和经济效益等角度出发，研究区土地利用结构不合理，需要对研究区土地利用结构进行调整。旨在为了解小流域不同土地利用类型碳汇功能的特点，为研究区防护林空间配置时关于土地利用所面临的格局调整问题提供依据。

6.2.1　以碳汇功能为目标的土地利用结构优化模型的构造

对小流域土地利用格局进行调整时，首先确定土地利用经营目标，然后划分出几个不同的层次，进而找到每个层次的主要因素，按照每个层次中主要因素的贡献来决定土地利用功能的完善与否。这就需要一种调整方法，这种方法既要有定量的精确分析，又要有不确定的灰色分析。层次分析法就是这样一种介于准确与模糊之间的结构优化方法。

对土地利用结构进行优化决策，评价指标的构建和指标间权重的确定方面采用层次分析法。层次分析法是把定性方法与定量方法相结合，把复杂的系统分解，把多目标、多准则又难以全部量化处理的决策问题转化为多层次目标的问题，通过两两比较确定同一层次元素相对上一层元素的数量关系后，最后进行数学运算，可以说是一种简洁实用的目标决策方法。

设置变量是构建层次分析模型的关键，变量的选择要能体现小流域土地资源利用的特点和土地利用的分类体系，符合规划的要求及今后的发展趋势。变量设置应满足 3 个原则：土地利用类型的设置要结合现在的土地利用分类体系，既要符合土地利用总体规划和土地管理法律法规的要求，又要尽量反映研究区域的实际；各变量要在地域上独立，不能重叠，并具有综合性与典型性；变量设置要考虑资料的可获取性和变量的可操作性。综合以上分析，关于层次分析模型的构建过程如下。

1）层次分析模型

按照层次分析法的原理和步骤，结合现有小流域土地资源和社会发展对土地利用发展的需求，以及对各类土地利用结构的要求，建立各土地利用结构调整层次结构模型。模型包括三个层次，即目标层、策略层和措施层，既有完全层次又有不完全层次。其中，目标层（A）：主要以实现高固碳功能的合理的土地利用结构为目标；策略层（B）：基于主要发挥固碳功能兼顾生态效益（B_1）、经济效益（B_2）和社会效益（B_3）考虑策略层的实施；措施层（C）：小流域土地利用空间结构优化调整是实现小流域整体碳汇功能的根本措施，故作为实现总目标的措施层。以小流域土地利用现状为基础，依据小流域土地资源特点、社会经济发展要求和经营习惯，以及今后的发展方向，综合考虑相关数据的可获得性，措施层（C）设置了 5 个变量，即耕地（C_1）、建设用地（C_2）、林地（C_3）、草地（C_4）、未利用地（C_5）。土地利用层析分析结构图具体见图 6.1。

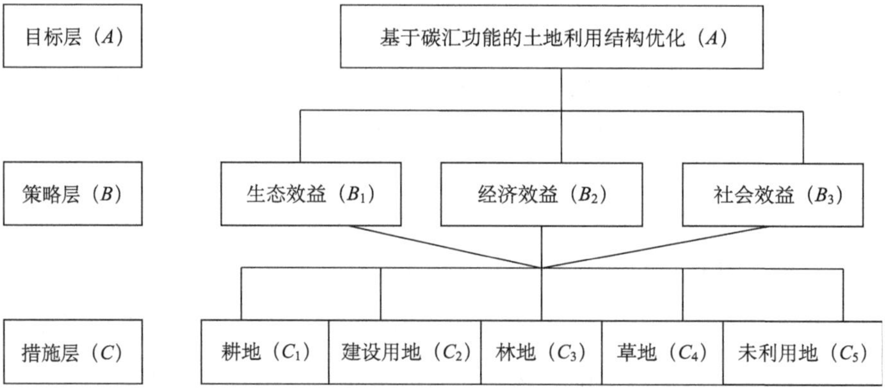

图 6.1　小流域土地利用层析分析结构图

2）构造判断矩阵

利用层次分析法建立基于碳汇功能为主要目标的土地利用格局优化模型时，我们采用专家评分赋值法对各指标进行等级评分。

判断矩阵是层次分析的关键，直接影响决策的正确性。在构造判断矩阵之前，首先需对各指标权重进行确定，权重的大小对评价结果十分重要，它直接反映了各指标的相对重要性。在层次结构的纵向上，评价指标权重反映了该指标变化对综合碳汇功能所起作用的大小；在层次结构的横向上，评价指标权重反映了该指标在同一评价指标层中所处的地位，权重确定的合理与否将直接影响评价的结果。分析采用美国学者 Satty 等的分析方法。关于确定各指标的权重系数时，充分征求了林业、生态、水保等 40 多位专家的问卷调查，根据各指标间相对重要性标度进行独立打分，并对打分结果用求平均（四舍五入取整数）的方法构造判断矩阵。对判断矩阵采用方根法求出最大特征根所对应的特征向量即为评价指标的权重分配。一般来讲，客观事物的复杂性和各位专家对事物的认识多样性、差异性导致判断矩阵不一定具有完全一致性，如出现 A_1 比 A_2 重要，A_2 比 A_3 重要，而 A_3 比 A_1 重要的矛盾，所以为使分析结果更加符合实际，结论更加正确合理，需对判断矩阵进行一致性检验，只有当判断矩阵具有完全一致性时，应用层次分析法才有意义。

所构造的判断矩阵及权重见表 6.1～表 6.4。

经计算可得出（表 6.1）：最大特征根 λ_{max}=3.0385，一致性指标 CI=0.0370，随机一致性比率 CR=0.00293<0.1，故所构造的判断矩阵具有完全一致性。由表可以看出，黄花甸子小流域基于碳汇功能的土地利用结构调配策略层（B）的排序结果为：生态效益（B_1）、经济效益（B_2）及社会效益（B_3）。因此，黄花甸子小流域基于碳汇功能管理的土地利用结构调整应首先考虑当地的生态效益，其次要兼顾经济效益和社会效益。

表 6.1　目标层 *A* 与策略层 *B* 的判断矩阵及检验

A	B_1	B_2	B_3	权重
B_1	1	3	5	0.6370
B_2	1/3	1	3	0.2583
B_3	1/5	1/3	1	0.1047

注:λ_{max}=3.0385，CI=0.0370，RI=0.58，CR=0.00293＜0.1。

由表 6.2 可知：最大特征根 λ_{max}=5.1115，一致性指标 CI=0.0249，随机一致性比率 CR=0.02223<0.1，故所构造的判断矩阵具有完全一致性。所以，相对于生态效益（B_1），各土地类型（C）之间的相对重要性为：林地>耕地>草地>建设用地>未利用地。

表 6.2　策略层 B_1 与措施层 C 的判断矩阵及检验

B_1	C_1	C_2	C_3	C_4	C_5	权重
C_1	1	2	1/2	4	5	0.2816
C_2	1/2	1	1/4	2	3	0.0888
C_3	2	4	1	4	5	0.4268
C_4	1/4	1/2	1/4	1	2	0.1460
C_5	1/5	1/3	1/5	1/2	1	0.0568

注:λ_{max}=5.1115，CI=0.0249，RI=1.12，CR=0.02223＜0.1。

由表 6.3 计算可得出：最大特征根 λ_{max}=5.3289，一致性指标 CI=0.0734，随机一致性比率 CR=0.06553<0.1，故所构造的判断矩阵具有完全一致性。由表可以看出，相对于经济效益（B_2），各土地类型（C）之间的相对重要性依次为：耕地、林地、草地、建设用地及未利用地。

表 6.3　策略层 B_2 与措施层 C 的判断矩阵及检验

B_2	C_1	C_2	C_3	C_4	C_5	权重
C_1	1	4	1/2	4	5	0.3628
C_2	1/4	1	1/5	1/3	2	0.0810
C_3	2	5	1	2	3	0.3346
C_4	1/4	3	1/2	1	2	0.1510
C_5	1/5	1/2	1/3	1/2	1	0.0705

注:λ_{max}=5.3289，CI=0.0734，RI=1.12，CR=0.06553＜0.1。

表 6.4　策略层 B_3 与措施层 C 的判断矩阵及检验

B_3	C_1	C_2	C_3	C_4	C_5	权重
C_1	1	1/3	1/3	1	1/3	0.2583
C_2	3	1	1	1/2	1/5	0.2241
C_3	3	1	1	5	1	0.3296
C_4	1	2	1/5	1	1/2	0.1006
C_5	3	5	1	2	1	0.0874

注:λ_{max}=3.0385，CI=0.0370，RI=0.58，CR=0.00293＜0.1。

由表 6.4 计算可得出：最大特征根 λ_{max}=3.0385，一致性指标 CI=0.0370，随机一致性比率 CR=0.00293<0.1，故所构造的判断矩阵具有完全一致性。由表可以看出，相对于社会效益（B_3），各土地类型（C）之间的相对重要性依次为：林地、耕地、建设用地、草地及未利用地。

6.2.2　目标函数的确定

由上述层次分析结果确定土地利用的不同效益函数，其中生态效益目标函数为

$$F_1(x)=0.2816X_1+0.0888X_2+0.4268X_3+0.1460X_4+0.0568X_5 \tag{6.1}$$

经济效益的目标函数为

$$F_2(x)=0.3628X_1+0.0810X_2+0.3346X_3+0.1510X_4+0.0705X_5 \tag{6.2}$$

社会效益的目标函数为

$$F_3(x)=0.2583X_1+0.2241X_2+0.3296X_3+0.1006X_4+0.0874X_5 \tag{6.3}$$

基于式（6.1）～式（6.3）的分析，建立基于碳汇效益最大化的目标函数为

$$F(x)=0.6370F_1(x)+0.2583F_2(x)+0.1047F_3(x)$$

即

$$F(x)=0.2064X_1+0.1010X_2+0.3928X_3+0.1425X_4+0.0635X_5 \tag{6.4}$$

式中，X_1 表示耕地（km^2）；X_2 表示建设用地（km^2）；X_3 表示林地（km^2）；X_4 表示草地（km^2）；X_5 表示未利用地（km^2）。

6.2.3　约束条件的确定

1）土地资源的约束

各类土地面积之和应等于小流域土地总面积 32km^2，即

$$X_1+X_2+X_3+X_4+X_5=32 \tag{6.5}$$

2）耕地面积的约束

从国家粮食安全战略出发，要求各区域必须确保一定数量的耕地，故土地利用结构调整时要考虑耕地保有量这一指标。随着敖汉旗城镇化及工业化的推进，耕地难免会被占用一部分，这造成了耕地后备资源不断较少，所以耕地保护面临的形势较严峻。耕地的保护虽然有压力，但是也要严格执行。因此，严格按照《赤峰市土地利用总体规划（2006～2020）年》确定小流域耕地保有量不低于 9.8km^2，即 $X_1 \geqslant 9.8km^2$。

3）建设用地面积的约束

中国正处在城市化快速发展阶段，加上内蒙古中东部敖汉旗新区的开发建设，预测在未来城乡建设面积将有所增加，故 $X_2>1.33\text{km}^2$。

4）林地面积的约束

基于《赤峰市土地利用总体规划（2006～2020）年》：加大荒山荒坡造林力度，巩固前期生态建设成果的考虑，加之研究区所处内蒙古京津风沙源治理工程片段内，面对当今气候变化的大背景，森林要充分高效发挥其碳汇功能，所以森林面积将有所增加。目前关于森林的生态效益多用森林覆盖率去评价。

关于森林生态效益不仅与森林面积数量—森林覆盖率有关，还与森林内涵质量—森林最佳覆盖率等有关。森林覆盖率达最优时有个阈值，生态效益并非随森林覆盖率的无限增大而增大，当森林覆盖率达某一值时，森林生态效益处于不变状态，仅有丰富或扩大森林资源的功效。所以确定森林覆盖率实际上是确定基于某个目标为主的最佳森林覆盖率。这不仅与我国国情相适应，即走“内涵发展为主”的发展道路，而且能缓解农、林、牧副业等对有限土地资源竞争的矛盾问题，协调发展大农业。

关于最佳森林覆盖率的确定采用区域最优森林覆盖率，确定方法参见文献，相关参数参见文献。经计算所得小流域最佳森林覆盖率为 47.84%。所以 $X_3\geqslant 15.30\text{km}^2$。

5）草地面积的约束

根据赤峰市城乡统筹布局和发展规划，部分草地将会被林地和建设用地所占用，而且敖汉旗作为“全球环境 500 佳”企业及国家造林示范县，再结合赤峰市城乡统筹布局和发展规划，预计草地面积会被林地、建设用地所占用，所以草地面积预计小于当前现状面积，故 $X_4<1.95\text{km}^2$。

6）未利用地面积的约束

随着敖汉旗社会发展的空间用地需求和土地利用技术水平的不断提高，土地利用率将不断提高，未来未利用地面积预计会减小，即 $X_5<4.3\text{km}^2$。

7）非负约束

各类用地面积不应为负，即 $X_i>0$（i=1，2，3，4，5）。

关于多目标优化问题，由于往往存在着目标间的相互冲突，要求各个目标同时达到最优比较困难，所以在具体设计时应根据各目标的相对重要程度不同，将优先级最高的若干目标作为函数，其他目标作为约束条件来处理。

分析从优化后实现黄花甸子小流域高碳汇功能的土地利用结构调整为目的出发，选择式（6.4）作为目标函数，其他目标函数作为约束条件，即式（6.1）～式（6.3）作为约束条件，因此构建如下优化模型。

目标函数：

$$\text{Max } F(x)=0.2064X_1+0.1010X_2+0.3928X_3+0.1425X_4+0.0635X_5$$

约束条件：

$$\text{Max } F_1(x)=0.2816X_1+0.0888X_2+0.4268X_3+0.1460X_4+0.0568X_5$$

$$\text{Max } F_2(x)=0.3628X_1+0.0810X_2+0.3346X_3+0.1510X_4+0.0705X_5$$

$$\text{Max } F_3(x)=0.2583X_1+0.2241X_2+0.3296X_3+0.1006X_4+0.0874X_5$$

$$X_1+X_2+X_3+X_4+\mathrm{X}_5=32$$

$X_1 \geqslant 9.8$，$X_2>1.33$，$X_3 \geqslant 15.30$，$X_4<1.95$，$X_5<4.3$，$0<X_i<32$（i=1，2，3，4，5）

运用 Matlab 软件对模型进行求解计算，最后得到优化方案，见表 6.5。

表 6.5　研究区土地利用结构调整对照表

土地用地类型	现状面积/km²	优化后面积/km²
X_1（耕地）	12.29	11.39
X_2（建设用地）	1.33	1.45
X_3（林地）	12.13	15.49
X_4（草地）	1.95	1.18
X_5（未利用地）	4.30	2.49
合计	32	32

小流域土地利用结构空间配置前后，各土地利用结构发生了变化，林地面积和建设用地面积有所增加，其他土地利用类型面积有所减少，林地面积由原来的 12.13km^2 增加到 15.49km^2，比优化前增加了 7.32%。建设用地由原来的 1.33km^2 增加到 1.45km^2，比优化前增加了 7.32%。耕地由原来的 12.29km^2 减小到 11.39km^2，比配置前减小了 27.7%。草地、未利用地面积分别较配置前均有所减小。耕地、林地、草地、建设用地及未利用地面积所占总土地面积比例由配置前的 38.4%、37.9%、6.09%、4.15%及 13.43%调整为配置后的 35.59%、48.4%、3.68%、4.53%及 7.78%。

6.3　小流域防护林主要林分类型结构优化

以上述土地利用结构调整为基础，进一步对小流域防护林主要林分类型进行结构调整。依据土地利用结构优化系统的特性、标准、原则，在对赤峰市敖汉旗黄花甸子小流域土地利用结构存在问题的系统分析基础上，以实现小流域固碳效益最大，兼顾经济、社会、环境可持续发展为目标，建立各林地利用结构层次分析模型，寻求适合该小流域林地利用结构的优化模型。以 2008 年遥感影像资料为基础，收集当地林业部门的二类森林资源调查资料（2007 年），并结合实地调查加以校正，对小流域内各树种进行统计：小流域主要以小叶杨、山杏、油松、白榆、柠条等为主，其中杨树纯林面积最大，为 6.52km^2，占小流域林地总面积的 53.75%，山杏纯林面积次之，为 18.88%，柠条为 7.25%，油松为 5.52%。以树种的配置组合划分，纯林总面积为 11.24km^2，混交林面积为 0.65km^2，纯林与混交林面积比为 17.29∶1（表 6.6）。从提高碳汇功能、提升景观效果和增加林分稳定性、健康性角度出发，小流域树种配置不合理，需要对不同树种的比例进行调整。

表 6.6　研究区不同土地利用类型面积现状表

林分类型	现状面积/km^2
小叶杨林	6.52
白榆林	0.60
油松林	0.67
柠条林	0.88
沙棘林	0.28
山杏林	2.29
油松山杏混交林	0.33
油松沙棘混交林	0.32
其他林地	0.24
合计	12.13

本节同样采用层次分析结构模型，对树种结构进行优化决策。

根据层次分析法的原则，对黄花甸子小流域主要植被类型进行分析，以获得小流域高的固碳效益作为防护林树种结构调整的最终目标，即层次结构的目标层（A）。以生态效益、经济效益和社会效益为策略层（B）。措施层主要考虑研究区林种的合理配置，即防护林、用材林、经济林和特用林作为综合评价的准则层（C）。防护林不同树种作为实现总目标的子措施层（D）。对各树种的相对重要性进行判断时，充分考虑到树种的生产能力、防护效能、适应性、生长速度、经济价值及当地习惯等方面的因素。为此，构建黄花甸子小流域防护林空间配置的层次分析模型（图 6.2）。

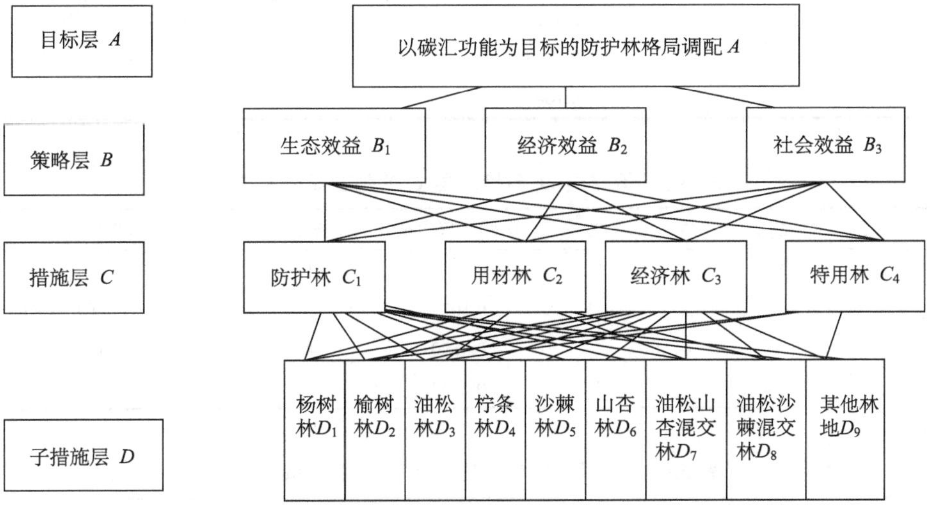

图 6.2　不同林分类型层次分析结构图

各层次判断矩阵、权重、一致性检验见表 6.7～表 6.16。对 A～B 层层次总排序进行一致性检验得到表 6.7，由各因素的特征向量可以看出，黄花甸子小流域防护林优化配置策略层（B）的排序结果为生态效益（B_1）>经济效益（B_2）>社会效益（B_3）。因此，黄花甸子小流域防护林基于碳汇功能的优化配置应首先考虑生态效益，其次兼顾经济效益和社会效益。

由各因素的权重系数可以看出，相对于生态效益（B_1）功能，各林种（C）之间的相对重要性依次为：防护林、特用林、用材林和经济林（表 6.8）。相对于经济效益（B_2）功能，合理的小流域防护林空间配置林种措施层（C）的排序结果为：防护林、经济林、用材林和特用林（表 6.9）。相对于社会效益（B_3）功能，合理的小流域防护林空间配置林种措施层（C）的排序结果为：防护林、经济林、用材林和特用林（表 6.10）。经计算，基于碳汇效益最大，兼顾三大效益协调发展的林种合理的空间配置方案为：防护林 33.82%，经济林 28.59%，用材林 25.96%，特用林 11.87%（表 6.11）。

小流域防护林主要树种结构调整过程见表 6.12～表 6.16，调整结果见表 6.17。

表 6.7　目标层 *A* 与策略层 *B* 的判断矩阵及检验

A	B_1	B_2	B_3	W_i组合权向量	排序	一致性检验
B_1	1	3	5	0.6370	1	λ_{max}=3.0385，CI=0.0370，RI=0.58
B_2	1/3	1	3	0.2583	2	CR=0.00293<0.1
B_3	1/5	1/3	1	0.1047	3	

表 6.8　策略层 B_1 与措施层 *C* 的判断矩阵及检验

B_1	C_1	C_2	C_3	C_4	W_i组合权向量	排序	一致性检验
C_1	1	8	6	3	0.5956	1	
C_2	1/4	1	3	1/3	0.1022	3	λ_{max}=3.0385，CI=0.0734，RI=0.90
C_3	1/3	3	4	1	0.0590	4	CR=0.0816<0.1
C_4	1/3	3	4	1	0.2432	2	

表 6.9　策略层 B_2 与措施层 *C* 的判断矩阵及检验

B_2	C_1	C_2	C_3	C_4	W_i组合权向量	排序	一致性检验
C_1	1	2	2	3	0.4233	1	λ_{max}=4.1954，CI=0.0171，RI=0.90
C_2	1/2	1	1/2	1	0.1608	3	CR=0.019<0.1
C_3	1/2	2	1	2	0.2507	2	
C_4	1/3	1	1/2	1	0.1453	4	

表 6.10　策略层 B_3 与措施层 *C* 的判断矩阵及检验

B_3	C_1	C_2	C_3	C_4	W_i组合权向量	排序	一致性检验
C_1	1	3	2	3	0.4346	1	λ_{max}=4.0963
C_2	1/3	1	1/3	1	0.1218	3	CI=0.01047，RI=0.90
C_3	1/2	3	1	4	0.3302	2	CR=0.0116<0.1
C_4	1/3	1	1/4	1	0.1134	4	

表 6.11　措施层 C 的合成权重值及检验

	B_1/0.6370	B_2/0.2583	B_3/0.1047	总权重	排序
C_1	0.1644	0.4233	0.4346	0.3382	1
C_2	0.4457	0.1608	0.1218	0.2596	3
C_3	0.2848	0.2705	0.3302	0.2859	2
C_4	0.1051	0.1543	0.1134	0.1187	4
λ_{max}	4.1959	4.0457	4.0963	层次总排序的一致性检验	
CI	0.0734	0.0171	0.0361	CR=0.0279<0.1	
RI	0.90	0.90	0.90		
CR	0.0816	0.0190	0.0116		

表 6.12　措施层 C_1 与子措施层 D 的判断矩阵及检验

C_1	D_1	D_2	D_3	D_4	D_5	D_6	D_7	D_8	其他	W_i
D_1	1	6	5	7	5	2	4	4	8	0.3245
D_2	1/6	1	1/5	1/2	1/4	1/8	1/5	1/3	4	0.0302
D_3	1/5	5	1	2	3	2	1/3	1/3	6	0.1019
D_4	1/7	2	1/2	1	1/3	1/3	1/2	1/2	2	0.0473
D_5	1/5	4	1/3	3	1	1/5	1/3	1/2	2	0.0584
D_6	1/2	8	1/2	3	5	1	3	1	7	0.1656
D_7	1/4	5	3	2	3	1/3	1	1	7	0.1256
D_8	1/4	3	3	2	2	1	1	1	6	0.1260
其他	1/8	1/4	1/4	1/2	1/5	1/7	1/5	1/6	1	0.0206

注:λ_{max}=10.0689，CI=0.0915，RI=1.45，CR=0.0631＜0.1。

表 6.13　措施层 C_2 与子措施层 D 的判断矩阵及检验

C_2	D_1	D_2	D_3	D_7	D_8	W_i
D_1	1	4	3	2	4	0.4233
D_2	1/4	1	1/2	1/5	3	0.1479
D_3	1/3	2	1	2	3	0.2242
D_7	1/2	2	1/2	2	1	0.1216
D_8	1/4	1/3	1/3	2	1	0.0830

注:λ_{max}=8.9552，CI=0.0968，RI=1.12，CR=0.0864＜0.1。

表 6.14　措施层 C_3 与子措施层 D 的判断矩阵及检验

C_3	D_1	D_2	D_3	D_4	D_5	D_6	D_7	D_8	其他	W_i
D_1	1	4	1/2	2	1/4	1/8	1/3	1/3	4	0.0530
D_2	1/4	1	1/2	1	1/5	1/8	1/3	1/6	4	0.0326

续表

C_3	D_1	D_2	D_3	D_4	D_5	D_6	D_7	D_8	其他	W_i
D_3	2	2	1	2	1/5	1/7	1/7	1/3	8	0.0516
D_4	1/2	1	1/2	1	1/3	1/3	1/2	1/2	5	0.0431
D_5	4	5	5	3	1	1/5	1/3	1/2	9	0.1815
D_6	8	8	7	3	5	1	3	8	8	0.3740
D_7	3	3	7	2	3	1/3	1	1	6	0.1229
D_8	3	6	3	2	2	1/8	1	1	7	0.1267
其他	1/4	1/4	1/6	1/2	1/2	1/7	1/7	1/6	1	0.0146

注:λ_{max}=8.7690，CI=0.0779，RI=1.42，CR=0.0549<0.1。

表 6.15　措施层 C_4 与子措施层 D 的判断矩阵及检验

C_4	D_2	D_3	D_8	W_i 组合权向量
D_2	1	1/3	1	0.2098
D_3	3	1	2	0.5499
D_8	1	1/2	1	0.2402

注:λ_{max}=3.0183，CI=0.0176，RI=0.52，CR=0.0338<0.1。

表 6.16　措施层 C 与子措施层 D 的层次总排序及检验

	C_1	C_2	C_3	C_4	权重
	0.1541	0.4388	0.2859	0.1212	
D_1	0.3245	0.5194	0.0530	0.1198	0.4138
D_2	0.0302	0.1260	0.0326	0.5715	0.0141
D_3	0.1019	0.1699	0.0516	0.2684	0.0941
D_4	0.0473	0	0.0431	0	0.0291
D_5	0.0584	0	0.1815	0	0.0541
D_6	0.1656	0	0.3740	0	0.2
D_7	0.1256	0.0723	0.1229	0	0.0883
D_8	0.1260	0.0818	0.1267	0	0.0841
其他	0.0206	0.0304	0.0146	0.0403	0.0175
λ_{max}	10.0689	6.3166	10.1483	3.0183	
CI	0.0915	0.0503	0.0983	0.0176	层次总排序的一致性检验
RI	1.45	1.12	1.45	0.52	CR=0.0258<0.1
CR	0.0631	0.0233	0.0678	0.0338	

表 6.17　研究区防护林树种结构调整对照表

林分类型	基于土地利用结构调整前的面积变化/km^2		基于土地利用结构调整后的面积变化(优化后面积)/km^2	优化配置前各树种比例/%	优化配置后各树种比例/%
	现状面积	优化后面积			
小叶杨林	6.52	5.02	6.41	53.75	41.38
白榆林	0.60	0.17	0.21	4.94	1.4
油松林	0.67	1.13	1.44	5.52	9.32
柠条林	0.88	0.35	0.44	7.25	2.88
沙棘林	0.28	0.65	0.83	2.31	5.34
山杏林	2.29	2.4	3.06	18.88	19.79
油松山杏混交林	0.33	1.09	1.39	2.72	8.99
油松沙棘混交林	0.32	1.11	1.41	2.64	9.15
其他	0.24	0.21	0.26	1.98	1.73
合计	12.13	12.13	15.49	100	100

通过对小流域林分结构进行调整，调整前后发生了一些变化。杨树纯林由原来的 53.75%减少到 41.38%，降低了 12 个百分点之多。20 世纪六七十年代，因杨树的速生性成为当地生态环境改善的主要栽植树种，其在绿化荒山荒坡起到积极的作用。但因早期造林技术落后，造林密度较大、纯林居多等特点，使杨树林抵御自然灾害的能力较弱，加之缺乏合理的抚育管理措施，造成目前杨树林出现了较大面积的“小老树”林，难以保证林分的防护效能，这对于林分的稳定性、持续性和健康状况具有潜在的危险。《人工林地力衰退研究》一书中讲到关于人工林地力衰退的原因，其中杨树就被列为其中树种之一，其在不同程度上存在着林地土壤退化，生产力持续下降的趋势。所以，调整后杨树的面积有所减小。但经第 3 章的分析，杨树的固碳能力及固碳潜力较大，其又作为小流域主要乡土树种之一，结合防护林配置时优选乡土树种的原则，所以调整后的比例仍占林地总面积的 41.38%。榆树纯林的面积有所减少，因为榆树的生长对水肥条件有一定的要求，适生范围较窄，不适合栽植在旱薄山地。柠条纯林面积有所减小，由调整前的 7.25%减小到调整后的 2.88%。柠条对水肥条件要求较低，可以栽植在山脊、上坡位等，对小流域 20 世纪六七十年代生态环境的改善起到重要作用，但针对目前小流域的生态环境已基本得到改善，且经第 3 章分析可知，柠条固碳能力较低，所以调整后柠条纯林面积的减幅较大。山杏林由原来的 18.88%增加到调整后的 19.79%，由于山杏在不同立地条件下生长较为适应，同时，其既可作为防护林又可作为经济林、特用林等，为改变山区贫困面貌

起到重要作用，是小流域贫困农民的重要经济来源之一，所以调整后的面积有所增大。沙棘林调整之后，面积比例也有所增加，一方面因为沙棘林的适生性较强，另一方面因为沙棘林是小流域贫困农民的重要经济来源。油松林由于其耐干旱、耐贫瘠、适应性强，作为小流域水土保持主要树种之一，其对小流域生态环境的改善有着重要的作用，所以调整后的面积有所增加。混交林面积调整前较调整后均有所增加，这是介于混交林的几个优势特点：混交树种在生物学特性方面、营养关系方面、化感物质方面及抵御各种自然灾害能力方面表现出较强的协调互助性，所以不同林分类型的混交林面积调整前较调整后均有所增加。

以上调整结果表明，柠条应该被逐渐取代，结合实际情况并遵循适地适树的原则，有目的地发展乔灌、针阔等形式的混交林，对提高小流域防护林碳汇功能意义重大。这样的调整结果，一方面满足了小流域固碳效益最大化，另一方面也兼顾了小流域市场的需要。

6.4　小流域防护林空间配置前后碳汇效益分析

黄花甸子小流域防护林空间配置要解决碳汇效益最大，同时要兼顾生态效益、经济效益及社会效益协调发展，但目前基于碳汇效益最大兼顾其他效益协调发展的防护林空间配置的理念不多，研究成果鲜见报道，因此本调整是一次尝试，调整结果具有灰色不确定性。因此，作者对黄花甸子小流域基于碳汇功能最大的防护林空间结构调整结果进行评估，对调整结果进行效益分析，以明确调整结果是否可行。

基于第 3 章“小流域主要林分类型碳库特征及系统固碳效应研究”中关于主要林分类型不同林龄的碳汇效应及第 5 章“小流域农田防护林网与防护农田固碳耦合效应研究”的分析，可以明确黄花甸子小流域林地、草地及耕地的固碳效应（因建设用地和未利用地对碳增汇的影响较小，故分析未考虑建设用地和未利用地的碳增汇），进而求得小流域防护林空间配置前后碳增汇大小（表 6.18）。

经分析可知，防护林空间配置前后，耕地碳储量较配置前减少了 6.39×10^6kg；草地碳储量较配置前减少了 4.92×10^6kg；林地碳储量较配置前增加了 3.32×10^7kg。故黄花甸子小流域配置后总体碳增汇为 2.29×10^7kg，较配置前增加了 10.36%。

表 6.18　防护林空间配置前后小流域系统碳储量变化表

项目	耕地			林地	草地
	无林网保护	林网保护	合计		
优化前面积/km^2	6.34	5.95	12.29	12.13	1.95
优化后面积/km^2	5.44	5.95	11.39	15.49	1.18
优化前后面积变化/km^2	0.9 ↓	0	0.9 ↓	3.36 ↑	0.77 ↓
优化前系统碳增量/kg	4.5×10^7	4.45×10^7	8.95×10^7	1.19×10^8	1.15×10^7
优化前后系统碳增量变化/kg	6.39×10^6 ↓	0	6.39×10^6 ↓	3.32×10^7 ↑	4.92×10^6 ↓

注：↑表示碳储量增加，↓表示碳储量减小。

6.5　小流域防护林主要林分类型对位配置研究

6.5.1　影响林木生长立地因子的选取

林木生长与其立地因子密切相关，立地因子的好坏会影响林木生长的好坏。研究选取代表性地段的典型林分类型，并设立临时标准地。同时，对地形因子、环境特点进行记录，并采集土壤样品备用于土壤理化性质的分析。选取的典型林分类型主要有：小叶杨纯林、油松纯林、白榆纯林、山杏纯林、柠条纯林、沙棘纯林、油松山杏混交林、油松沙棘混交林及杨树山杏混交林。

根据野外调查，对调查指标进行初步分析。选取海拔（X_1）、坡度（X_2）、坡向（X_3）、土壤容重（X_4）、土壤类型（风沙土 X_5，栗钙土 X_6）、有机质（X_7）、全氮（X_8）、有效磷（X_9）、速效钾（X_{10}）、微生物量碳（X_{11}）、pH（X_{12}）及土层厚度（X_{13}）作为立地因子的分类属性。计算分析时，对定性因子采用分级并赋值的方法，将非数量因子数量化，制定出立地因子数量化反应表，见表 6.19。

6.5.2　影响林木生长立地因子权重的确定方法

在综合效果评价中，权重反映了各评价指标对评价对象的影响程度或贡献率。各评价指标权重的确定是林木生长优劣综合评价时的关键问题，它对评价林木生长状况的好坏有着重要的影响，其直接关系到评价结果的准确性和科学性。权重的确定方法主要分为客观赋权法和主观赋权法。其中客观赋权法包括主成分分析法、灰色关联分析法、相关系数法及回归分析法等。本研究选择主成分分析法确定评价指标的权重。

表 6.19 不同林分类型立地因子数量化反应表

编号	林分类型	海拔/m	坡度/（°）	坡向/（°）	土壤容重/（g/cm^3）	土壤类型		有机质/（g/kg）	全氮/（g/kg）	有效磷/（mg/kg）	速效钾/（mg/kg）	微生物量碳/（mg/kg）	pH	土层厚度/cm
						风沙土	栗钙土							
1	小叶杨纯林	659	3.86	77.52	1.44	1	0	6.98	0.45	2.49	46.27	294.08	8.52	100
2	白榆纯林	673	3.67	88.83	1.51	1	0	5.5	0.44	4.07	45.54	115.34	8.21	100
3	油松纯林	767	6.02	319.22	1.23	0	1	9.91	0.62	4.57	88.59	226.21	8.69	100
4	山杏纯林	645	15.08	168.74	1.34	0	1	7.47	0.51	2.22	45.54	267.83	8.15	100
5	柠条纯林	640	2.69	187.05	1.33	1	0	3.29	0.37	0.67	35.22	195.19	8.57	100
6	沙棘纯林	780	21.88	79.65	1.28	0	1	9.29	0.57	4.20	84	252.13	8.57	100
7	油松山杏混交林	666	17.62	2.77	1.19	0	1	12.46	0.7	3.36	92.91	596.22	8.36	100
8	油松沙棘混交林	766	15.78	70.53	1.23	0	1	10.06	0.6	1.72	70.11	491.75	8.13	65
9	杨树山杏混交林	606	3.72	76.14	1.17	0	1	13.5	0.77	1.66	75.06	471.25	8.37	100

6.5.3　影响林木生长主导立地因子的选取

用主成分分析法筛选影响林木生长的主要立地因子群，结果见表 6.20。由表可知，第 1 主成分的特征根为 8.335，贡献率为 64.436%；第 2 主成分的特征根为 2.036，贡献率为 16.611%；第 3 主成分的特征根为 1.398，贡献率为 10.765%。前 3 个主成分的累计贡献率达 91.811%，前 3 个主成分能够保留原观察系统变异信息的 91.811%，故可用前 3 个信息不重叠的综合指标来代表原来 13 个指标的各类信息，从而起到降维的作用，可以简化原来的观察系统。

表 6.20　不同林分类型评价指标的协方差特征根、方差贡献率

变量	特征值和累计贡献率			提取主成分特征值和累计贡献率		
	特征值	贡献率/%	累计贡献率/%	特征值	贡献率/%	累计贡献率/%
1	8.335	64.436	64.436	8.335	64.436	64.436
2	2.036	16.611	81.046	2.036	16.611	81.046
3	1.398	10.765	91.811	1.398	10.765	91.811
4	0.447	3.418	95.229			
5	0.273	2.095	97.324			
6	0.227	1.737	99.061			
7	0.089	0.688	99.749			
8	0.024	0.183	99.932			
9	0.009	0.068	100			

影响林木生长的立地因了主成分因了载荷矩阵，见表 6.21。

表 6.21　不同林分类型评价指标的主成分分析

指标	第 1 主成分	第 2 主成分	第 3 主成分
X_1	−0.658	−0.114	0.0538
X_2	−0.199	−0.391	−0.0266
X_3	0.700	0.878	0.2247
X_4	−0.711	0.031	0.1458
X_5	0.742	−0.032	−0.1472
X_6	0.746	0.067	0.0564
X_7	0.201	0.244	−0.0242
X_8	0.688	0.174	0.1075
X_9	0.282	0.109	−0.1501

续表

指标	第 1 主成分	第 2 主成分	第 3 主成分
X_{10}	0.576	0.175	0.0758
X_{11}	0.658	0.065	0.108
X_{12}	−0.700	−0.876	−0.0647
X_{13}	0.424	0.054	−0.962
特征值	8.335	2.036	1.398
累计贡献率/%	64.44	81.1	91.81

通过将因子载荷换算为特征向量后，可以得到反映林木生长状况的 3 个主成分表达式。

第 1 主成分的表达式为

$$F_1 = -0.658X_1 - 0.199X_2 + 0.700X_3 - 0.711X_4 + 0.742X_5 + 0.746X_6 + 0.201X_7 + 0.688X_8 + 0.282X_9 + 0.576X_{10} + 0.658X_{11} - 0.700X_{12} + 0.424X_{13}$$

式中，X_5、X_6 的系数最大，分别表示风沙土及栗钙土，说明土壤类型对林木生长影响最大，故称第 1 主成分为土壤类型因子，也说明土壤类型的不同是导致林木生长健康与否的最重要因子，也是决定性因子。

第 2 主成分的表达式为

$$F_2 = -0.114X_1 - 0.391X_2 + 0.878X_3 + 0.031X_4 - 0.032X_5 + 0.067X_6 + 0.244X_7 + 0.174X_8 + 0.109X_9 + 0.175X_{10} + 0.065X_{11} - 0.876X_{12} + 0.054X_{13}$$

式中，X_3、X_{12} 及 X_2 系数最大，说明第 2 主成分中，pH、坡度及坡向对林木的影响较大，故称第 2 主成分为土壤酸碱度和地形因子。

第 3 主成分的表达式为

$$F_3 = 0.0538X_1 - 0.0266X_2 + 0.2247X_3 + 0.1458X_4 - 0.1472X_5 + 0.0564X_6 - 0.0242X_7 + 0.1075X_8 - 0.1501X_9 + 0.0758X_{10} + 0.108X_{11} - 0.0674X_{12} - 0.962X_{13}$$

式中，X_{13} 系数最大，表明土层厚度也是影响林木健康生长的一个不可忽略的因子。

由上述分析可知，对林木生长影响较大的立地因子主要有土壤类型、pH、地形因子及土层厚度。

因研究区以栗钙土为主，只伴有少量的风沙区，故土壤类型不作为评价小流域防护林生长状况好坏的立地指标；研究区土层厚度较厚，基本在 100cm 以上，故土层厚度也不作为评价小流域防护林生长状况好坏的立地指标。综合实际情况和因子可测性等原则，选用地形因子中的坡度和坡向作为评价林木生长状况好坏的主导立地因子指标，并以此作为小流域防护林空间对位配置的依据。

6.5.4　基于不同主导立地因子的防护林对位配置研究

防护林体系对位配置就是要实现防护林体系与水土资源、地形地貌等环境资源的协调统一。因小流域内地形起伏不大，防护林垂直地带性不明显，故只对不同坡度、坡向上的防护林进行综合评价并进行空间配置。不同坡度、坡向的分级见图 6.3 和图 6.4。

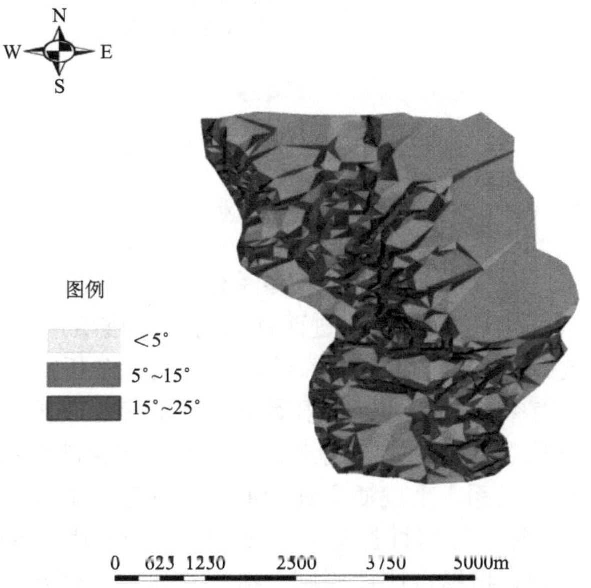

图 6.3　小流域不同坡度分级图（彩图请扫封底二维码）

以上述分析为基础，对小流域防护林进行对位配置，所选林分类型有：小叶杨纯林、油松纯林、白榆纯林、山杏纯林、柠条纯林、沙棘纯林、油松山杏混交林、油松沙棘混交林及小叶杨山杏混交林。

林木的生长状况与土壤质量关系密切，土壤质量状况的好坏可以反映出林木生长状况的好坏，一般认为，土壤质量较好，林木的生长适宜性较强，林木的固碳能力也较强；土壤质量较差，林木的生长适宜性较差，林木的固碳能力相对较差。关于土壤质量评价指标的选取，有人选用森林土壤中决定植物生长的 5 个关键性属性（即促进根系生长，存储、供给、循环养分，吸收、保持、供给水分，促进气体交换，促进生物活性）作为评价指标，并将这 5 个属性平均赋予同样的

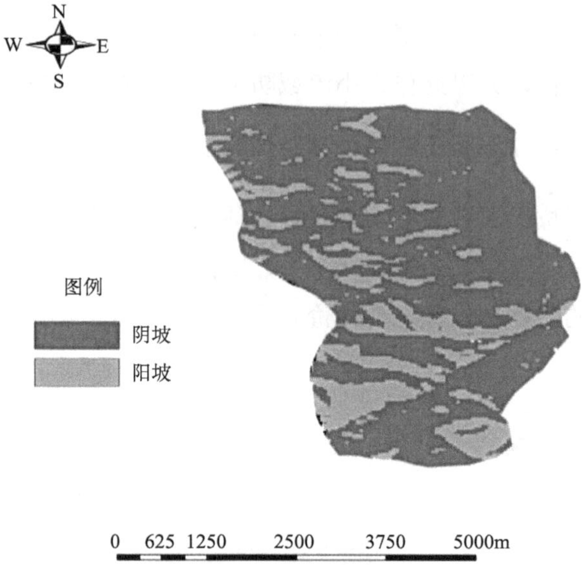

图 6.4　小流域不同坡向分级图（彩图请扫封底二维码）

权重 0.20，而测量时分别用土壤密度、冬季地下水层深度、净氮矿化量、透气深度和生物活性代替上述 5 个指标，进而计算得到土壤质量；有人用土层厚度、土壤有机质、有效磷、pH 等 12 种指标进行土壤质量分析；有人用 pH、全氮、有机质、速效氮、有效磷、速效钾、阳离子代换量等土壤因子作为土壤质量综合指数以评价土壤质量。评价指标的选择不仅要明确由哪些指标组成，还要明确指标的功能和相互关系。土壤质量评价时要遵循以下几个原则：多因子与主导因子相结合的原则，可测性原则，指标代表性原则，指标相对独立性原则，指标可行性原则，指标可比性原则，指标整体性原则及指标简明实用等原则。

综合实际情况和因子可测性等原则，分析选取的土壤质量综合评价指标包括：土壤有机质（X_1）、全氮（X_2）、有效磷（X_3）、速效钾（X_4）、pH（X_5）、微生物量碳（X_6）及土壤容重（X_7）。

1. 小流域不同坡度上防护林主要林分类型配置研究

不同坡度的林分类型土壤质量指标原始数据及其标准化计算结果，分别见表 6.22 和表 6.23。

表 6.22　不同坡度、不同林分类型的土壤质量指标原始数据计算结果

坡度	林分类型	有机质 /（g/kg）	全氮 /（g/kg）	有效磷 /（mg/kg）	速效钾 /（mg/kg）	pH	微生物量碳 /（mg/kg）	土壤容重 /（g/cm³）
<5°	小叶杨纯林	6.98	0.45	2.49	46.27	8.52	294.08	1.44
	油松纯林	9.91	0.62	4.57	88.59	8.69	226.21	1.23
	白榆纯林	5.5	0.44	4.07	45.54	8.21	115.34	1.51
	山杏纯林	7.47	0.51	2.22	45.54	8.15	267.83	1.34
	柠条纯林	3.29	0.37	0.67	35.22	8.57	195.19	1.33
	沙棘纯林	8.58	0.51	3.81	46.17	8.44	236.33	1.31
	油松山杏混交林	10.31	0.72	3.11	74.05	8.42	487.64	1.21
	油松沙棘混交林	11.36	0.64	1.92	91.83	8.09	554.21	1.23
	小叶杨山杏混交林	14.8	0.79	1.81	93.94	8.21	498.36	1.26
5°～15°	小叶杨纯林	6.02	0.45	2.14	40.1	8.14	221.11	1.45
	油松纯林	8.85	0.59	4.31	50.72	8.38	388.32	1.3
	白榆纯林	6.29	0.4	4.37	44.69	8.31	407.4	1.56
	山杏纯林	8.75	0.53	1.85	51.28	8.41	287.45	1.29
	柠条纯林	3.01	0.41	0.54	38.19	8.58	177.41	1.44
	沙棘纯林	9.29	0.57	4.2	84	8.57	252.13	1.28
	油松山杏混交林	12.46	0.7	3.36	92.91	8.36	596.22	1.19
	油松沙棘混交林	10.06	0.6	1.72	70.11	8.13	491.75	1.23
	小叶杨山杏混交林	12.46	0.7	3.36	92.91	8.36	596.22	1.19
15°～25°	小叶杨纯林	5.58	0.37	2.37	43.46	8.13	203.98	1.34
	油松纯林	7.97	0.51	4.06	50.11	8.15	277.64	1.31
	山杏纯林	7.13	0.48	2.10	41.45	8.14	231.13	1.25
	油松山杏混交林	9.8	0.57	3.24	60.00	8.37	259.18	1.23

表 6.23　不同坡度、不同林分类型的土壤质量指标原始数据标准化计算结果

坡度	林分类型	有机质 /（g/kg）	全氮 /（g/kg）	有效磷 /（mg/kg）	速效钾 /（mg/kg）	pH	微生物量碳 /（mg/kg）	土壤容重 /（g/cm³）
<5°	小叶杨纯林	−0.4972	−0.7692	−0.2831	−0.6532	0.0335	−0.4502	1.1926
	油松纯林	0.4830	0.6286	1.4082	1.2912	−0.3074	−0.4398	−0.7842

续表

坡度	林分类型	有机质 /（g/kg）	全氮 /（g/kg）	有效磷 /（mg/kg）	速效钾 /（mg/kg）	pH	微生物量碳 /（mg/kg）	土壤容重 /（g/cm^3）
<5°	白榆纯林	−1.0010	−0.8560	1.0291	−0.6900	−0.8806	−0.4539	1.8573
	山杏纯林	−0.3269	−0.2668	−0.4992	−0.6875	−0.1003	−0.4513	0.2380
	柠条纯林	−1.7038	−1.4047	−1.7439	−1.1496	−0.4596	−0.4394	0.1434
	沙棘纯林	0.0433	−0.2633	0.7978	−0.6505	−0.2562	−0.4438	−0.0421
	油松山杏混交林	0.6248	1.4747	0.2308	0.6412	1.0229	−0.4511	−0.9875
	油松沙棘混交林	0.9851	0.8147	−0.7591	1.4802	1.3703	−0.4542	−0.7982
	小叶杨山杏混交林	2.1885	2.0990	−0.8595	1.6014	1.1002	−0.4600	−0.5273
5°～15°	小叶杨纯林	−0.8273	−0.7760	−0.5798	−0.9534	−0.3448	−0.4615	1.3025
	油松纯林	0.1376	0.4035	1.2434	−0.4532	0.5229	−0.4592	−0.1399
	白榆纯林	−0.7111	−1.1671	1.2568	−0.7203	0.6041	−0.4444	2.2689
	山杏纯林	0.1020	−0.1022	−0.8166	−0.4227	−0.0005	−0.4510	−0.2326
	柠条纯林	−1.7896	−1.0795	−1.8545	−1.0134	−0.5517	−0.4407	1.1584
	沙棘纯林	0.2831	0.2321	1.1378	1.1062	−0.1819	−0.4526	−0.3282
	油松山杏混交林	1.3396	1.3060	0.4354	1.5081	1.5655	−0.4493	−1.1732
	油松沙棘混交林	0.5307	0.4667	−0.8991	0.4460	1.0210	−0.4420	−0.7844
	小叶杨山杏混交林	1.3289	1.2818	0.4297	1.4982	1.5462	−0.4428	−1.1525
15°～25°	小叶杨纯林	−0.9673	−1.4333	−0.3820	−0.7845	−1.4282	1.6178	0.2405
	油松纯林	−0.1623	−0.2692	1.0226	−0.4795	−1.4317	2.4096	−0.0432
	山杏纯林	−0.4544	−0.5264	−0.6188	−0.9009	−1.4587	1.9367	−0.6185
	油松山杏混交林	0.4606	0.2325	0.3426	−0.0152	−1.4385	2.2293	−0.8129

通过对不同坡度林分类型的土壤质量指标的主成分分析，求得各因子之间的相关系数，各因子特征向量、特征值和贡献率及因子负荷量（表 6.24）。

表 6.24　不同坡度、不同林分类型的土壤质量指标的主成分分析

指标	第 1 主成分	第 2 主成分	第 3 主成分
X_1	0.4793	−0.011	0.1145
X_2	0.4786	0.0255	−0.0418
X_3	0.1104	0.6276	0.7189
X_4	0.4531	0.1227	−0.0531
X_5	−0.0307	0.7231	−0.5879
X_6	0.4094	−0.2245	0.0686
X_7	−0.3862	0.0405	0.3403
特征值	4.219	1.173	0.908
贡献率/%	60.271	16.878	12.966
累积贡献率/%	60.271	75.109	88.95

由表 6.24 分析可知，前 3 个主成分的累积贡献率已达 88.95%，故可用前 3 个主成分的信息反映土壤质量状况。主成分表达式分别为

$$F_1=0.4793X_1+0.4786X_2+0.1104X_3+0.4531X_4-0.0307X_5+0.4094X_6-0.3862X_7$$

$$F_2=-0.011X_1+0.0255X_2+0.6276X_3+0.1227X_4+0.7231X_5-0.2245X_6+0.0405X_7$$

$$F_3=0.1145X_1-0.0418X_2+0.7189X_3-0.0531X_4-0.5879X_5+0.0686X_6+0.3403X_7$$

将已标准化的数据代入方程 F_1、F_2 及 F_3，按照所占信息量的比例，求得总得分值，即可得到不同坡度、不同林分类型的土壤质量综合评价值（表 6.25）。

表 6.25　不同坡度、不同林分类型的土壤质量综合排序

坡度	林分类型	F_1	F_2	F_3	总得分	排序
<5°	小叶杨纯林	0.6940	0.0279	−1.3759	−0.384	7
	油松纯林	−0.6651	1.5771	−0.3845	−1.006	6
	白榆纯林	−1.4871	−0.3853	1.3859	−0.745	8
	山杏纯林	−0.4361	−0.2844	−0.5046	0.382	4
	柠条纯林	−1.0831	−0.1031	−1.8882	−0.918	9
	沙棘纯林	−0.3368	−0.1035	0.7305	−0.112	5
	油松山杏混交林	1.6901	−0.6996	−0.6650	0.604	2
	油松沙棘混交林	1.1133	−0.7124	−0.7795	0.472	3
	小叶杨山杏混交林	0.9848	−0.4807	0.0261	0.745	1

续表

坡度	林分类型	F_1	F_2	F_3	总得分	排序
5°～15°	小叶杨纯林	−0.9605	−0.6137	−0.0658	−0.695	7
	油松纯林	−0.0489	−0.4340	1.1201	0.137	4
	白榆纯林	−1.6378	−1.1469	1.7016	−0.948	8
	山杏纯林	−0.0267	−0.2113	−0.8868	0.039	5
	柠条纯林	−1.4042	−0.3849	−1.7797	−1.149	9
	沙棘纯林	0.3367	−0.1552	1.1408	−0.186	6
	油松山杏混交林	1.4331	−0.6976	0.2789	0.523	1
	油松沙棘混交林	0.6923	−0.5362	−1.0475	0.325	3
	小叶杨山杏混交林	1.4366	−0.7011	0.2808	0.422	2
15°～25°	小叶杨纯林	−1.1388	−0.4751	−0.3569	−0.811	4
	油松纯林	0.0225	2.1312	0.9687	0.102	2
	山杏纯林	0.0347	2.0580	−0.7914	0.034	3
	油松山杏混交林	0.7127	2.2941	0.2425	0.733	1

由分析可知，坡度对土壤质量影响较大，总体表现为坡度较小的立地条件土壤质量优于坡度较大的土壤质量。混交林较纯林相比能更好地改良土壤。具体表现为，分布在<5° 坡度范围内的典型林地土壤质量的高低依次是小叶杨山杏混交林>油松山杏混交林>油松沙棘混交林>山杏纯林>沙棘纯林>油松纯林>小叶杨纯林>白榆纯林>柠条纯林，小叶杨山杏混交林总得分值为 0.745，远大于其他林地，其土壤质量最好，说明在<5° 坡度范围内较适宜小叶杨山杏混交林的生长。分布在 5°～15° 坡度范围内的典型林地土壤质量的高低依次为油松山杏混交林>小叶杨山杏混交林>油松沙棘混交林>油松纯林>山杏纯林>沙棘纯林>小叶杨纯林>白榆纯林>柠条纯林，其中油松山杏混交林总得分值为 0.523，为最高，其土壤质量最好，其次为小叶杨山杏混交林。分布在 15°～25° 坡度范围内的典型林地土壤质量的高低依次是油松山杏混交林>油松纯林>山杏纯林>小叶杨纯林。油松山杏混交林综合评价值最高，其值为 0.733，而分布在该坡度范围内的小叶杨和山杏纯林的土壤质量综合评价值则较低，说明在 15°～25° 坡度范围内，改人工小叶杨及山杏纯林为油松山杏混交林更为适合。此外，油松纯林也较适合营造在该坡度范围内，这与油松的生长特性有很大关系，油松是一种强抗寒、抗旱能力的树种，对大气干旱及土壤干旱均有较强的适应性；其较耐

瘠薄，对土壤养分状况要求不高。由于其耐干旱、耐贫瘠、适应性强，所以在山地或环境相对恶劣的地势营造油松林在植被恢复中有重要的位置。15°～25°范围内，因为坡度大时，降雨径流冲刷能力增强，土壤侵蚀较坡度小的区域严重，而在该地势营造油松林对陡坡土壤改良意义重大。此外，>25°坡度基本为自然生长的草地，几乎无防护林，所以本书尚未研究。

2. 小流域不同坡向上防护林主要林分类型配置研究

不同坡向的林分类型土壤质量指标原始数据及其标准化计算结果，分别见表 6.26 和表 6.27。

表 6.26　不同坡向、不同林分类型的土壤质量指标原始数据计算结果

坡向	林分类型	有机质/(g/kg)	全氮/(g/kg)	有效磷/(mg/kg)	速效钾/(mg/kg)	pH	微生物量碳/(mg/kg)	土壤容重/(g/cm³)
阴坡	小叶杨纯林	6.98	0.45	2.49	46.27	8.52	294.08	1.44
	油松纯林	9.91	0.62	4.57	88.59	8.69	226.21	1.23
	白榆纯林	6.29	0.4	4.37	44.69	8.31	407.4	1.56
	山杏纯林	8.75	0.53	1.85	51.28	8.41	287.45	1.29
	柠条纯林	3.29	0.37	0.67	35.22	8.57	195.19	1.33
	沙棘纯林	9.29	0.57	4.2	84	8.57	252.13	1.28
	油松山杏混交林	12.46	0.7	3.36	92.91	8.36	596.22	1.19
	油松沙棘混交林	11.36	0.64	1.92	91.83	8.09	554.21	1.23
	小叶杨山杏混交林	14.8	0.79	1.81	93.94	8.21	498.36	1.26
阳坡	小叶杨纯林	6.02	0.45	2.14	40.1	8.14	221.11	1.45
	油松纯林	8.85	0.59	4.31	50.72	8.38	388.32	1.3
	白榆纯林	5.5	0.44	4.07	45.54	8.21	115.34	1.51
	山杏纯林	7.47	0.51	2.22	45.54	8.15	267.83	1.34
	柠条纯林	3.01	0.41	0.54	38.19	8.58	177.41	1.44
	沙棘纯林	8.58	0.51	3.81	46.17	8.44	236.33	1.31
	油松山杏混交林	10.31	0.72	3.11	74.05	8.42	487.64	1.21
	油松沙棘混交林	10.06	0.6	1.72	70.11	8.13	491.75	1.23
	小叶杨山杏混交林	13.5	0.77	1.66	75.06	8.37	471.25	1.17

表 6.27　不同坡向、不同林分类型的土壤质量指标原始数据标准化计算结果

坡向	林分类型	有机质 /（g/kg）	全氮 /（g/kg）	有效磷 /（mg/kg）	速效钾 /（mg/kg）	pH	微生物量碳 /（mg/kg）	土壤容重 /（g/cm³）
阴坡	小叶杨纯林	−0.5326	−0.8531	−0.1731	−0.7322	−0.3347	0.8720	1.0518
	油松纯林	0.3707	0.4590	1.4043	1.2210	−0.7846	1.7769	−0.7776
	白榆纯林	−0.7469	−1.2390	1.2886	−0.8064	0.4476	−0.2988	2.1043
	山杏纯林	0.0185	−0.2290	−0.6734	−0.4984	−0.3810	0.2582	−0.2694
	柠条纯林	−1.6328	−1.4296	−1.5356	−1.2149	−0.9904	1.1173	0.0804
	沙棘纯林	0.1793	0.0795	1.1225	0.9999	−0.6066	1.1077	−0.3448
	油松山杏混交林	1.1647	1.0863	0.4998	1.4458	1.7413	−0.0216	−1.1387
	油松沙棘混交林	0.8203	0.6206	−0.6084	1.3841	1.4480	−1.5103	−0.7860
	小叶杨山杏混交林	1.8411	1.7375	−0.6807	1.4615	1.0478	−0.8362	−0.5148
阳坡	小叶杨纯林	−0.8172	−0.8336	−0.4380	−1.0038	−0.8235	−1.2251	1.1191
	油松纯林	0.0486	0.2332	1.2192	−0.5134	0.3097	0.0878	−0.1758
	白榆纯林	−0.9936	−0.9299	1.0530	−0.7688	−1.5735	−0.8601	1.6600
	山杏纯林	−0.3792	−0.3855	−0.3836	−0.7669	−0.5151	−1.1936	0.1703
	柠条纯林	−1.7130	−1.1350	−1.6382	−1.0877	−1.1069	1.1764	1.0201
	沙棘纯林	−0.0342	−0.3843	0.8478	−0.7386	−0.7341	0.4239	−0.0927
	油松山杏混交林	0.5036	1.2543	0.3095	0.5707	1.0055	0.3139	−0.9685
	油松沙棘混交林	0.4116	0.3047	−0.7493	0.3745	0.9969	−1.2571	−0.7727
	小叶杨山杏混交林	1.4492	1.5895	−0.7940	0.5973	0.8611	0.0329	−1.2824

由表 6.28 可知，前 3 个主成分的累积贡献率已达 89.33%，故前 3 个主成分综合信息基本能反映土壤质量状况。各主成分表达式分别为

$$F_1=0.9461X_1+0.9727X_2+0.0606X_3+0.9065X_4-0.2260X_5+0.8405X_6-0.8282X_7$$

$$F_2=0.0277X_1+0.0517X_2+0.6660X_3+0.2081X_4+0.7714X_5-0.2757X_6-0.1252X_7$$

$$F_3=0.0957X_1-0.0451X_2+0.6996X_3+0.0189X_4-0.5074X_5+0.1174X_6+0.3856X_7$$

表 6.28　不同坡向、不同林分类型的土壤质量指标主成分分析

指标	第 1 主成分	第 2 主成分	第 3 主成分
X_1	0.9461	0.0277	0.0957
X_2	0.9727	0.0517	−0.0451
X_3	0.0606	0.6660	0.6996
X_4	0.9065	0.2081	0.0189
X_5	−0.2260	0.7714	−0.5074
X_6	0.8405	−0.2757	0.1174
X_7	−0.8282	−0.1252	0.3856
特征值	4.118	1.262	0.943
贡献率/%	58.814	18.133	13.543
累积贡献率/%	58.814	79.06	89.33

将已标准化的数据代入方程 F_1、F_2 及 F_3，按照所占信息量的比例，求得总得分值，即可得到不同坡向、不同林分类型的土壤质量综合评价值（表 6.29）。

表 6.29　不同坡向、不同林分类型的土壤质量综合排序

坡向	林分类型	F_1	F_2	F_3	综合得分	综合排序
阴坡	小叶杨纯林	−0.7508	0.4990	−0.0549	−0.3535	7
	油松纯林	0.7438	2.1169	1.3843	0.6276	4
	白榆纯林	−1.2048	−1.0657	1.5422	−0.6392	8
	山杏纯林	−0.1155	0.3727	−0.7435	−0.1003	6
	柠条纯林	−1.0864	1.3320	−1.8395	−0.6848	9
	沙棘纯林	0.3924	1.3271	1.1726	0.2393	5
	油松山杏混交林	1.4938	−0.1588	0.4459	0.9001	2
	油松沙棘混交林	0.9617	−1.3760	−0.5195	0.63	3
	小叶杨山杏混交林	1.4726	−0.8754	−0.4306	1.0038	1
阳坡	小叶杨纯林	−1.1494	−1.1414	−0.2783	−0.7660	7
	油松纯林	0.0257	−0.0385	1.0885	−0.0116	4
	白榆纯林	−1.4033	−0.7776	1.2659	−0.7854	8
	山杏纯林	−0.5936	−0.9440	−0.4085	−0.5716	6
	柠条纯林	−1.2875	1.1599	−1.6819	−0.9129	9
	沙棘纯林	−0.3414	0.5057	0.6878	−0.0136	5
	油松山杏混交林	0.9748	0.2832	0.1219	0.6346	2
	油松沙棘混交林	0.5452	−1.1699	−0.8600	0.1554	3
	小叶杨山杏混交林	1.4257	0.1477	−0.9271	0.7601	1

通过对不同坡向、不同林分类型的 7 项土壤理化性质指标的主成分分析，求得各因子特征向量、特征值和贡献率及因子负荷量（表 6.29）。

为使小流域防护林空间配置结果能直观反映于营林者操作，便于生产应用，对上述防护林空间配置结果进行效果成图，见图 6.5 和图 6.6。

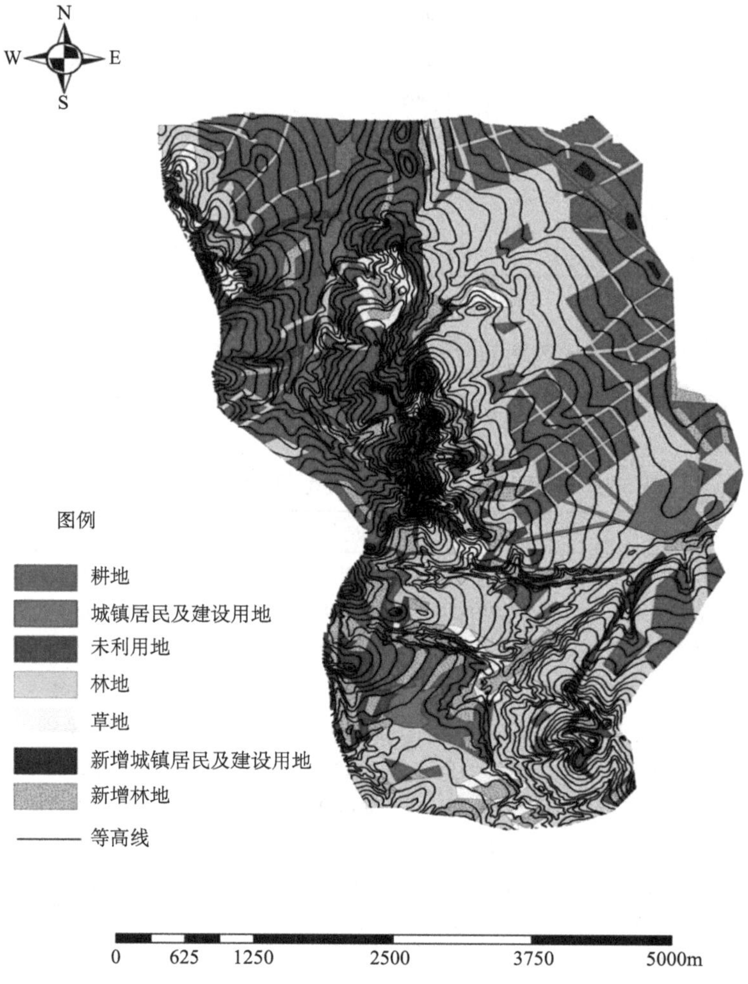

图 6.5　基于碳汇功能的土地利用结构优化配置图（彩图请扫封底二维码）

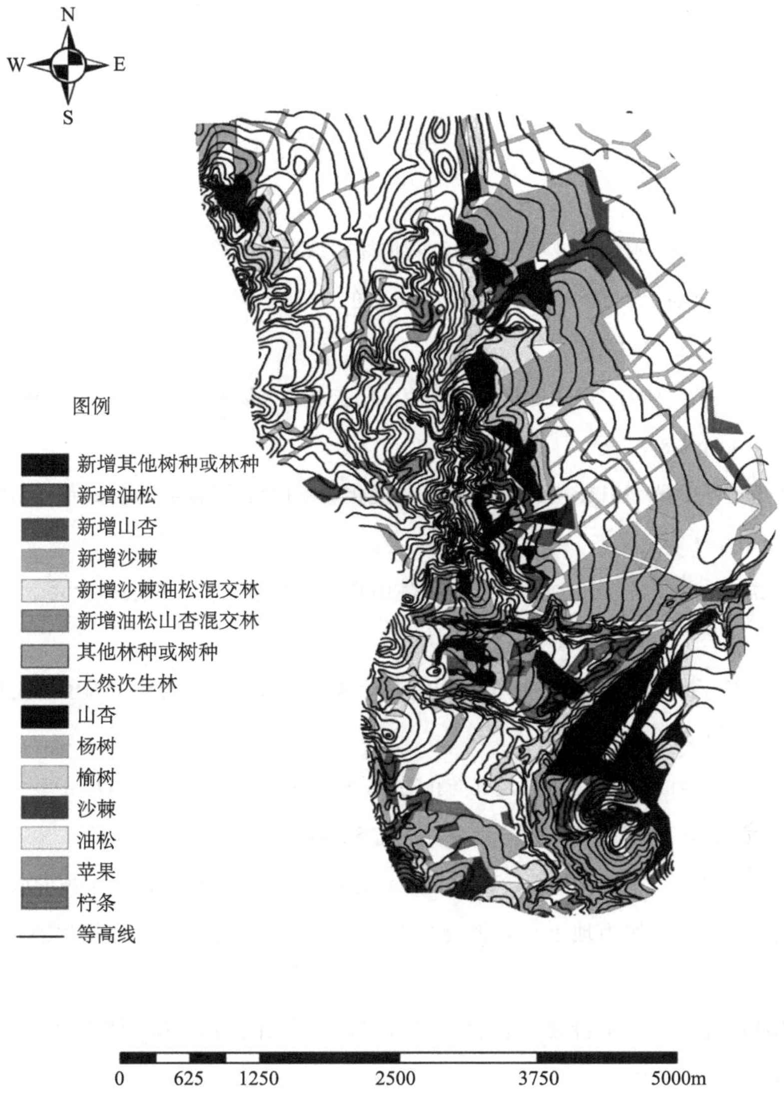

图 6.6　基于碳汇功能的防护林空间结构优化配置图（彩图请扫封底二维码）

参 考 文 献

包晓斌，晋西听. 1996. 水河流域生态经济型防护林体系配置模式. 防护林科技, (2): 34-37.

陈俊华，慕长龙，陈秀明，等. 2006. 基于物元分析的小流域土地利用结构调整及景观格局变化. 生态学报, 26(7): 2093-2100.

陈林武，王鹏，王江. 1997. 四川盆地低山丘陵区防护林体系防护功能分区及布局研究. 四川林业科技, 18(1): 1-8.

陈溪，王子彦，匡文慧. 2011. 土地利用对气候变化影响研究进展与图谱分析. 地理科学进展, 30(7): 930-937.

程堂仁，马钦彦，冯仲科，等. 2007. 甘肃小陇山森林生物量研究. 北京林业大学学报, 29(1): 31-36.

程先富，史学正，于东升，等. 2004. 兴国县森林土壤有机碳库及其与环境因子的关系. 地理研究, 23(2): 211-217.

崔国发. 1996. 人工林地力衰退机理及其防止对策. 世界林业研究, (5): 61-69.

董承德. 1989. 用综合因素建模探讨合理森林覆盖率. 陕西林勘设计, (4): 5-6.

方精云，陈安平. 2001. 中国森林植被碳库的动态变化及其意义. 植物学报, 43(9): 967-973.

方精云，王娓. 2007. 作为地下过程的土壤呼吸：我们理解了多少. 植物生态学报, 31(3): 345-347.

方精云. 2000. 北半球中高纬度的森林碳库可能远小于目前的估算. 植物生态学报, 24(5): 635-638.

房用，梁玉，王月海，等. 2008. 济南石灰岩山地植被特征及其对植被优化配置的研究. 山东大学学报, 43(1): 8-13.

封斌，高保山，麻保林，等. 2005. 陕北榆林风沙区农田防护林结构配置与效益研究. 西北林学院学报, 20(1): 118-124.

冯瑞芳，杨万勤，张健，等. 2007. 模拟大气 CO_2 浓度和温度升高对亚高山冷杉(abies faxoniana)林土壤酶活性的影响. 生态学报, 27(10): 4019-4026.

高成德，余新晓. 2000. 水源涵养林研究综述. 北京林业大学学报, 22(5): 78-81.

高岗. 2009. 以水源涵养为目标的底功能人工林更新技术研究. 呼和浩特: 内蒙古农业大学.

高浩潘, 学标. 2009. 气候变化对内蒙古中部草原气候生产潜力的影响. 中国农业气象, (3): 277-282.

高甲荣, 刘德高, 吴家兵. 2000. 密云水库北庄示范区水源保护林树种配置研究. 水土保持学报, 14(1): 12-17.

高志强, 刘纪远. 2006. 1980-2000 中国 LUCC 对气候变化的响应. 地理学报, 61(8): 865-872.

高智慧, 康志雄, 叶胜荣, 等. 1998. 浙江省林种、树种结构调整研究. 浙江林业科技, 18(1): 54-63.

郭晋平, 李文荣, 王惠恭, 等. 1997. 黄土高原土地宜林性评价及土地利用规划方法的研究——以隰县试区为例. 自然资源, (l): 35-40.

郭立群, 陈宏伟, 方向京, 等. 1994. 头塘山地系统防护林体系空间配置. 云南林业科技, (3): 16-23.

郭廷辅, 段巧甫. 2001. 径流调控理论是水土保持的精髓——四论水土保持的特殊性. 中国水土保持, (11): 1-5.

郭养儒, 葛安新. 1992. 陕西省森林覆盖率的研究. 陕西林业科技, 4: 33-37.

郭月峰, 姚云峰, 秦富仓, 等. 2013. 不同土地利用方式下土壤有机碳与其他土壤化学指标关系分析. 西北农林科技大学学报(自然科学版), 41(8) : 103-109.

郭月峰, 姚云峰, 秦富仓, 等. 2013. 燕山典型流域两种造林树种生态系统碳储量及固碳潜力研究. 生态环境学报, 22(10): 1665-1670.

郭思升, 张宏民. 1996. 森林覆盖率的理论研究概况及存在问题. 陕西林业科技, (2): 30-33.

郭忠升. 1996. 水土保持林有效覆盖率及其确定方法研究. 土壤侵蚀与水土保持学报, 10(3): 67-72.

郭忠升. 1997. 水土保持林有效覆盖率(ECR)的初步研究. 西北林学院学报, 12(1): 97-100.

郭忠升. 1998. 最佳森林覆盖率的初步研究. 西北林学院学报, 13(3): 23-27.

韩广轩, 周广胜. 2009. 土壤呼吸作用时空动态变化及其影响机制研究与展望. 植物生态学报, 33(1): 197-205.

韩桂花. 2003. 应用多因子综合评审法确定树种结构. 林业调查规划, (1): 6-8.

韩珍喜, 乌志颜. 1986. 对赤峰市黄土丘陵区最佳森林覆被率的探讨. 内蒙古林业调查设计, 2: 18-22.

郝玉光, 卢平. 1997. 乌兰布和沙区人工林绿洲农田防护林小气候效益与作物产量关系研究. 林业科学研究, 10(l): 19-23.
洪伟, 吴承祯. 2001. 邻体干扰指数模型的改进及其应用研究. 林业科学, 37(1): 1-5.
胡朝阳, 张富. 2003. 黄土高原植被对位配置技术研究. 中国水土保持, (1): 20-22.
胡海波, 张金池. 1997. 徐淮平原农田防护林带(网)对小麦产量的影响. 南京林业大学学报, 21(4): 1-5.
胡慧璋. 1988. 淳安新安江水库集水区最佳森林覆盖率的探讨. 浙江林业科技, 8: 21-25.
胡淑萍, 余新晓, 王小平, 等. 2008. 人工神经网络在流域植被类型优化中的应用. 北京林业大学学报, 30(增刊 2): 1-5.
黄守科. 2013. 农田防护林对我国平原地区作物产量的影响. 北京: 北京林业大学硕士学位论文.
惠刚盈, 冯佳多. 2003. 森林空间结构量化分析方法. 北京: 中国科学技术出版社.
江爱良, 宋兆民, 卫林. 1981. 关于农田林网防护效益测算方法的探讨. 林业科技通讯, (1): 18-20.
姜东涛. 2000. 树种结构与森林覆盖率的研究. 林业资源管理, (5): 34-38.
姜凤岐, 朱教君, 曾德慧, 等. 2003. 防护林经营学. 北京: 中国林业出版社.
蒋丽娟. 2000. 国内外防护林研究综述. 湖南林业科技, 27(3): 21-27.
康蕙宁, 马钦彦, 袁嘉祖. 1996. 中国森林碳汇功能基本估计. 应用生态学报. 7(3): 230-234.
李登贵, 张健, 许富珍, 等. 1993. 小流域植物措施的对位配置及推广. 中国水土保持, (1): 15-16.
李广毅, 高国雄, 尹忠东. 1995. 国内外关于防护林体系结构研究动态综述. 水土保持研究, 2(2): 70-78.
李广毅, 高国雄, 尹忠东. 1995. 国内外关于防护林体系结构研究动态综述. 水土保持研究, 2(2): 70-79.
李贵祥, 孟广涛, 方向京, 等. 2007. 珠江源头区占马地小流域植被优化重建模式及效益研究. 水土保持研究, 14(5): 359-361.
李克让, 王绍强, 曹明奎. 2003. 中国植被和土壤碳储量. 中国科学(D 辑), 33(1): 72-80.
李良厚, 谭浩亮, 王晶, 等. 2002. 确定不同立地条件适宜植被类型的定量化方法. 水土保持学报, 16(5): 100-101.
李荣伟. 2004. 长江上游防护林体系建设与经营利用. 成都: 四川科学技术出版社.
李秀江, 杨春花, 秦淑英, 等. 2000. 农田防护林体系的效益及评价方法. 河北林果研究, 15(1):

89-94.

刘殿君. 2009. 赤峰市敖汉旗小流域防护林空间对位配置研究. 呼和浩特: 内蒙古农业大学硕士学位论文.

刘刚, 姚崇怀, 贾秀红, 等. 2006. 三峡库区堤岸防护林结构评价及改造措施. 东北林业大学学报, 34(5): 29-31.

刘国华, 傅伯杰, 方精云. 2000. 中国森林碳动态及其对全球碳平衡的贡献. 生态学报, 20(5): 733-740.

刘丽霞. 2008. 绿洲农田防护林系统土壤蒸发特征研究. 干旱区资源与环境, 22(1): 162-166.

罗兴云, 刘平绍. 1991. 森林树种调整技术方法的研究. 福建林学院学报, 11(3): 318-325.

马钦彦, 陈遐林, 王娟, 等. 2002. 华北主要森林类型建群种的含碳率分析. 北京林业大学学报, 24(5): 96-100.

马泽清, 刘琪璟, 徐雯佳, 等. 2007. 江西千烟洲人工林生态系统的碳蓄积特征. 林业科学, 43(11): 1-7.

聂道平, 徐德应, 王兵. 1997. 全球碳循环与森林关系的研究——问题与进展. 世界林业研究, (5): 33-40.

宁金魁, 郑小贤, 高甲荣, 等. 2003. 干扰指数在密云水库侧柏水源涵养林中的应用. 北京林业大学学报, 25(6), 15-19.

潘文利, 于雷. 1998. 辽河三角洲盐碱地防护林体系建设技术研究. 应用生态学报, 9(3): 231 -236.

秦建华, 姜志林. 1997. 森林在大气碳平衡中的作用. 世界林业研究, (4): 18-25.

饶良懿, 朱金兆. 2005. 防护林空间配置研究进展. 中国水土保持科学, 3(2): 102-106.

芮雯奕, 李淑琴, 张纪林, 等. 2011. 苏北海堤基干林带杨树-刺槐混交林竞争效应研究. 南京林业大学学报(自然科学版), 35(1): 39-42.

史敏华. 2001. 晋西黄土丘陵区林业生态工程优化规划. 东北林业大学, 29(4): 88-91.

宋西德, 罗伟祥, 侯琳. 1997. AHP 法在防护林体系优化结构研究中的应用. 西北林学院学报, 12(4): 41-47.

宋兆民. 1990. 黄淮海平原综合防护林体系生态经济效益的研究. 北京: 北京农业大学出版社.

孙柏, 林庆浩, 徐长林, 等. 1995. 昌吉州不同模式农田林网的生态经济效果初步研. 新疆林业, 16(1): 13-16.

孙枫, 李生宝, 蒋齐. 2003. 宁夏盐池沙区生态经济型防护林体系树种树种优化比例研究. 林业科学研究, 16(4): 459-464.

田大伦. 2004. 杉木林生态系统定位研究方法. 北京: 科学出版社.

汪业勖. 1999. 森林生态系统区域碳循环研究. 自然资源综合考察委员会博士论文文库, 北京: 中国科学院: 123.

王春玲, 宋铁英, 余新晓. 2008. 小流域尺度防护林体系空间配置调整方法. 北京林业大学学报, 30(增刊 2): 41-46.

王春玲, 王鹏. 2008. 防护林体系空间配置优化系统的研究与应用. 北京林业大学学报, 30(4): 126-130.

王春玲. 2008. 防护林体系空间配置中植被结构调整的研究. 北京: 北京林业大学.

王迪海, 唐德瑞. 1999. 小流域防护林对位配置优化模式研究. 内蒙古林学院学报(自然科学版), 21(3): 1-10.

王迪海, 唐德瑞. 2000. 小流域防护林对位配置优化模式研究. 山东农业大学学报(自然科学版), 31(1): 67-70.

王汉杰, 方越井. 1997. 林网保护区冬小麦生长过程的数值模拟. 应用生态学报, 8(3): 250-256.

王凤臻, 尹秋浦, 杜文峰. 1999. 山东省最适区域森林覆盖率初探. 林业资源管理, 3: 25-27.

王绍强, 周成虎, 罗承文. 1999. 中国陆地自然植被碳量空间分布特征探讨. 地理科学进展, 18(3): 238-244.

王淑君, 管东生, 黎夏, 等. 2008. 广州森林碳储量时空演变及异质性分析. 环境科学学报, 28(4): 778-785.

王涛. 2002. 21 世纪林业生态建设展望. 世界林业研究, 15(3): 1-6.

王文杰, 祖元刚, 王辉杨, 等. 2007. 基于祸度协方差法和生理生态法对落叶松 CO_2 通量的初步研究. 植物生态学报, 31(1): 118-128.

王效科, 冯宗炜, 欧阳志云. 2001. 中国森林生态系统的植物碳储量和碳密度研究. 应用生态学报, 12(1): 13-16.

王治国, 张云龙, 刘徐师, 等. 2000. 林业生态工程学——林草植被建设的理论与实践. 北京: 中国林业出版社.

闻大中. 1981. 农田防护林的作用. 新农业, (8): 5.

巫启新, 夏焕柏, 喻理飞. 1998. 云贵高原东部乌江流域生态经济型防护林体系建设技术研究. 贵州林业科技, (2): 1-20.

吴钦孝. 2000. 黄土高原的林草资源和适宜覆盖率. 林业科学, 36(6): 6-7.

肖纪浩, 侯广力, 马勇, 等. 1999. 辽东水源涵养林体系树种结构规划可行性研究. 辽宁林业科技, (6): 33-36.

徐冰, 郭兆迪, 朴世龙, 等. 2010. 2000-2050年中国森林生物量碳库: 基于生物量密度与林龄关系的预测. 中国科学, 40(7): 587-594.

徐海, 夏焕柏. 1997. 乌江流域坡耕地水保防护林体系建设技术研究. 土壤侵蚀与水土保持学报, 11(3): 17-22.

杨大三. 1996. 鄂西三峡库区防护林研究. 武汉: 湖北科学技术出版社.

杨光. 2006. 东北东部山区部分主要树种邻体影响半径研究. 长春: 东北林业大学.

杨俊平. 1988. 内蒙古合理森林覆盖率的初步探讨. 内蒙古林业调查设计, (2): 18-22.

杨玉坡. 1993. 长江上游(川江)防护林研究. 北京: 科学出版社.

杨祖达, 廖显春, 周新成, 等. 1994. 宜昌县生态经济型长江防护林体系树种结构布局的研究. 中南林业调查规划, (3): 44-47.

叶小云, 周跃进, 黄春兰. 1999. 平原地区农防林对粮食作物产量的影响. 防护林科技, 12(2): 21-23.

于贵瑞, 孙晓敏. 2006. 中国陆地生态系统碳通量观测技术及时空变化特征. 北京: 科学出版社.

于贵瑞, 张雷明, 孙晓敏, 等. 2004. 亚洲区域陆地生态系统碳通量观测研究进展. 中国科学, S2: 77-82.

余新晓. 2007. 水源涵养林研究与示范. 北京: 中国林业出版社.

袁正科, 周刚. 1998. 黄塘小集水区生态经济型防护林树种布局研究. 生态学杂志, 17(6): 7-13.

查同刚, 孙向阳, 于卫平, 等. 2004. 宁夏段黄河护岸林体系结构的研究. 北京林业大学学报, 26(3): 93-96.

张纪林, 褚保金, 孙明华. 2000. 沿海平原农区森林覆盖率灰色线性规划的确定研究. 江苏林业科技, 27(3): 1-6.

张健, 陈林武, 宫渊波. 1996. 四川盆地防护林体系结构研究. 西南林学院学报, 16(2): 77-87.

张健, 宫渊波, 陈林武. 1996. 最佳防护效益森林覆盖率定量探讨. 林业科学, 32(4): 317-324.

张健, 宫渊波, 陈林武. 1996. 最佳防护效益森林覆盖率定量探讨. 林业科学, 32(4): 317-324.

张锦春, 廖空太, 满多清, 等. 2008. 民勤绿洲农田防护林结构配置多样性研究. 西北林学院学报, 23(3): 53-56.

张骏, 葛滢, 江波, 等. 2010. 浙江省杉木生态公益林碳储量效益分析. 林业科学, 46(6): 22-26.

张茂震, 王广兴, 周国模, 等. 2009. 基于森林资源清查、卫星影像数据与随机协同模拟尺度转换方法的森林碳制图. 生态学报, 29(6): 2919-2928.

张跃西. 1993. 邻体干扰模型的改进及其在营林中的应用. 植物生态学与地植物学学报, 17(4): 352-357.

张志达. 1997. 全国十大林业生态建设工程. 北京: 中国林业出版社.

赵焕臣. 1986. 层次分析法: 一种简易的新决策方法. 北京: 科学出版社.

赵进红. 2009. 泰山不同功能水源涵养功能研究. 泰安: 山东农业大学.

赵茂盛, Ronald N P. 2002. 气候变化对中国植被可能影响的模拟. 地理学报, 57(1): 28-38.

中国林业科学研究院林业研究所. 1988. 森林土壤分析方法. 北京: 中国标准出版社.

钟哲科, 柴锡周. 1994. 丘陵红壤防护林树种优化模式选择. 林业科技通讯, (4): 12-14.

周广胜, 朱廷曜. 1994. 林带阻力系数与透风系数关系的理论分析. 应用生态学报, 5(1): 43-45.

周玉荣, 于振良, 赵士洞. 2000. 我国主要森林生态系统碳储量和碳平衡. 植物生态学报, 24(5): 518-522.

朱教君. 1993. 美国大平原防护林概况. 世界林业研究, (3): 80-85.

朱金兆, 魏天兴, 张学培. 2002. 基于水分平衡的黄土区小流域防护林体系高效空间配置. 北京林业大学学报, 24(5/6): 5-13.

朱金兆, 魏天兴, 张学培. 2003. 基于水分平衡的黄土区小流域防护林体系高效空间配置. 北京林业大学学报, 24(5/6): 5-13.

朱清科, 朱金兆. 2003. 黄土源面农林复合系统的生态位特征. 水土保持科学, 1(1): 49-53.

朱廷曜, 金昌杰, 周广胜. 1992. 林带阻力与透风系数关系的试验研究. 林业科学, 28(6): 486-491.

朱志芳, 龚固堂, 陈俊华, 等. 2008. 防护林体系空间配置研究综述. 世界林业研究, 21(6): 36-40.

Bolin B, Degen E T, Kempe S, et al. 1979. The Global Carbon Cycle, SCOPE 13. Chichester: John Wiley &Sons: 1-56.

Botkin D B, Simpson L G, Nisbet R A. 1993. Biomass and carbon storage of the North American deciduous forest. Biogeochemistry, 20(1): 1-17.

Brown S, Sathaye J, Cannel M, et al. Management of forests for mitigation of greenhouse gas emissions. IPCC Climate Change 1995: Impacts, Adaptations and Mitigation of Climatechange: Scientific-technical Analyses Report of Working Group II, Assessment Report, IPCC, Cambridge: Cambridge University Press: 773-797.

Cannell M G, Cruickshank M M, Mobbs D C. 1996. Carbon storage and sequestration in the forests of Northern Ireland. Forestry, 69(2): 155-166.

Castellvi F, Snyder R L, Baldocchi D D. 2008. Surface energy-balance closure over rangeland grass using the eddy covariance method and surface renewal analysis. Agricultural and Forest Meteorology, 148(6-7): 1147-1160.

Chhabra A, Dadhwal V K. 2004. Assessment of major pools and fluxes of carbon in Indian forests. Climatic, 64(3): 341-360.

Chuluun T, Ojima D. 2002. Land use change and carbon cycle in arid and semi-arid lands of East and Central Asia. Science in China(Series C), 45: 48-54.

Davidson E A, Savage K, Bolstad P, et al. 2002. Below-ground carbon allocation in forests estimated from litterfall and IRGA-based soil respiration measurements. Agricultural and Forest Meteorology, 113: 39-51.

Delcourt H R, Harris W F. 1980. Carbon budget of the southeastern U. S. Biota: analysis of historical change in trend from source to sink. Science, 210: 321-322.

Dilustro J J, Day F P, Drake B G, et al. 2002. Abundance, production and mortality of fine roots under elevated atmospheric CO_2 in an oak-scrub ecosystem . Environmental and Experimental Botamy, 48: 149-159.

Fang J, Chen A, Peng C, et al. 2001. Changes in forest biomass carbon storage in China between 1949 and 1998. Science, 292 (5525): 2320-2322.

Fang J, Cuo Z, Piao S, et al. 2007. Terrestrial vegetation carbon sinks in China, 1981-2000. Science in China Series D: Earth Sciences, 50(9): 1341-1350.

FAO. 2010. Global forest resources assessment. http: // www. fao. org /docrep/013/i2000e/i2000e00. htm [2011-8-21] .

Flanagan L B, Wever L A, Carlson P J. 2002. Seasonal and interannual variation in carbon dioxide exchange and carbon balance in a northern temperate grassland. Global Change Biology, 8: 599-615.

Fukuda M, Iehara T, Matsumoto M. 2003. Carbon stock estimates for sugi and hinoki forests in Japan. Forest Ecology and Management, 184(1-3): 1-16.

Goulden M L, William Munger J, Fan S M, et al. 1996. Exchange of carbon dioxide by a deciduous forest: response to inter-annual climate variability. Science, 271: 1576-1578.

Guo L, Gifford R M. 2002. Soil carbon stocks and land use change: ameta analysis. Global Change Biology, (8): 345-360.

Hiroshima T, Nkajima T. 2006. Estimation of sequestered carbon in article-3. 4 private planted forests in the first commitment period in Japan. Journal of Forest Research, 11(6): 427-437.

Hu H, Wang G. 2008. Changes in forest biomass carbon storage in the South Carolina Piedmont between 1936 and 2005. Forest Ecology and Management, 255 (5-6): 1400-1408.

IPCC. 2000. Special Report on Emissions Scenarios. Cambridge: Cambridge University Press.

Johnston M H, Homann P S, Engstrom J K, et al. 1996. Changes in ecosystem carbon storage over 40 years on an old-field/forest landscape in east-central Minnesota. Forest Ecology and Management, 83(1-2): 17-26.

Karjalainen T. 1996. The carbon sequestration potential of unmanaged forest stands in Finland under changing climatic conditions. Biomass and Bioenergy, 10(5-6): 313-329.

Kauppi Haakana P E, Rautiainen A, Korhonen K T, et al. 2010. Changing stock of biomass carbon in a boreal forest over 93 years. Forest Ecology and Management, 259(7): 1239-1244.

Keith H, Mackey B G, Lindenmayer D B. 2009. Re-evaluation of forest biomass carbon stocks and lessons from the world's most carbon-dense forests. Proceedings of the National Academy of Sciences of the United States of America, 106(28): 11635-11640.

Krankine O N, Dixon R K. 1994. Forest management option to conserve and sequester terrestrial carbon in the Russian federation. World Resources Review, 6(1): 88-101.

Kurz W A, Apps M J. 1993. Contribution of northern forest to the global carbon cycle: Canada as a case study. Water, Air and Soil Pollution, 70(1): 63-176.

Lieth J Y, Chen A, Peng C, et al. 1975. Changes in forest biomass carbon storage in China. Science, 292: 2320-2322.

Lindroth A, Grelle A, Moren A S. 1998. Long-term measurements of boreal forest carbon balance reveal large temperature sensitivity. Global Change Biology, 4: 443-450 .

Liski J, Perruchoud D, Karjalainen T. 2002. Increasing carbon stocks in the forest soils of Western Europe. Forest Ecology and Managment, 169: 159-175.

Liu C, Ilvesniem I H, Berg B, et al. 2003. Aboveground litterfall in Eurasian forests. Journal of Forestry Research, 14(1): 27-34.

Manhas R K, Negi J D, Kumar R K, et al. 2006. Temporal assessment of growing stock biomass and carbon stock of indian forests. Climatic Change, 74(1-3): 191-221.

Marszalek T. 1988. A point method for determining the multiple value of forest units. Las-Polski, 19: 12-13.

Melisa L H, David L P. 2006. Spatial and temporal variability in forest growth in the olympic mountains, Washington: sensitivity to climatic variability. Canadian Journal of forest Research, 36(1): 92-105.

Ney R A, Schnoor J L, Mancuso M A. 2002. A methodology to estimate carbon storage and flux in forestland using existing forest and soils databases. Environmental Monitoring and Assessment, 78(3): 291-307.

Nuberg I K, Evans D G. 1993. Allcy cropping and analog forest for soil conversation in the dry uplands of SriLanka. Agroforestry-system, 24(3): 247-269.

Patenaude G L, Briggs B D, Milne R, et al. 2003. The carbon pool in a British semi-natural woodland. Forestry, 76(1): 109-120.

Raich J W, Tufekciogln A. 2000. Vegetation and soil respiration: correlations and control. Biogeochemistry, 48: 71-90.

Raich J W. 1992. The global carbon dioxide flux in soil respiration and its relationship to vegetation and climate. Tellus, 44: 81-99.

Robert D, Grala K, Joe P C. 2003. Estimates of additional Maize yields required to offset costs of tree-windbreaks in Midwestern USA. Agroforestry Systems, 59(1): 11-20.

Sasaki N, Kim S. 2009. Biomass carbon sinks in Japanese forests: 1966-2012. Forestry, 82(1): 113-123.

Satty T L. 1988. 层次分析法在资源分配、管理和冲突分析中的应用. 许树柏译. 北京: 北京煤炭工业出版社.

Schroeder P, Ladd L. 1991. Slowing the increase of atmospheric carbon dioxide: a biological approach. Climate Change, 19: 283-290.

Shvidenko A. 2002. Dynamics of russian forests and the carbon budget in 1961-1998: an assessment based on long-term forest inventory data. Climatic Change, 55 (1-2): 5-37.

Simpson L G, Botkin D B, Nisbet R A. 1993. The potential aboveground carbon storage of North American forests. Water, Air, and Soil Pollution, 70(1-4): 197-205.

Wang G, Oyana T, Zhang M Z, et al. 2009. Mapping and spatial uncertainty analysis of forest vegetation carbon by combining national forest inventory data and satellite images. Forest Ecology and Management, 258(7): 1275-1283.

Wichmann L. 2002. Modeling the effects of competition between individual tree in forest stands. Copenhagen: Royal Veterinary and University.

Winjum J K, Brown S, Schlamadinger B. 1998. Forest harvests and wood products: sources and sinks of atmospheric carbon dioxide. Forest Science, 44(2): 272-284.

Yue T X, Liu J Y, Jorgensen S E, et al. 2001. Changes of holdridge life zone diversity in all of China over half a century. Ecological Modelling, 144(2-3): 153-162.